LES MOUTONS

Orléans, imprimerie de Georges JACOB, cloître Saint-Étienne, 4.

BIBLIOTHÈQUE DU CULTIVATEUR

PUBLIÉE

AVEC LE CONCOURS DU MINISTRE DE L'AGRICULTURE

LES
MOUTONS

HISTOIRE NATURELLE ET ZOOTECHNIE

PAR

André SANSON

PROFESSEUR DE ZOOTECHNIE,

Directeur et rédacteur en chef de la Culture, ex-chef de service à l'École vétérinaire de Toulouse, membre de la Société impériale et centrale vétérinaire du Comité central de la Société d'Anthropologie de Paris, secrétaire de l'Association scientifique de France, etc., etc.

OUVRAGE ORNÉ DE 56 GRAVURES

PARIS

LIBRAIRIE AGRICOLE DE LA MAISON RUSTIQUE

26, RUE JACOB, 26.

1868

PRÉFACE

La littérature agricole est riche en ouvrages sur les moutons. Les dernières années en ont vu se produire beaucoup. Sans compter les traités généraux sur le bétail et les encyclopédies, où les bêtes ovines occupent une place commandée par leur importance dans l'exploitation agricole, nous avons eu récemment, en langue française, les traités spéciaux de Villeroy, de Lefour, de Moll et Gayot, la traduction de celui de Weckherlin, etc.

En un tel état, il ne semblerait peut-être pas bien nécessaire de recommencer une œuvre déjà faite tant de fois.

Mais deux considérations ont décidé nos éditeurs à nous demander d'écrire un nouveau traité sur les moutons : la première est que la *Bibliothèque du Cultivateur*, qu'ils publient avec le concours du Ministre de l'agriculture, se trouvait dépourvue d'un ouvrage de ce genre, conçu et exécuté d'après l'esprit pratique qui préside à sa publication, tandis qu'elle en possède pour toutes les autres espèces d'animaux domestiques ; la seconde considération, qui m'a surtout déterminé,

pour mon compte, était fondée sur le désir de mettre à la
portée des plus petits cultivateurs les principes scientifiques,
économiques et physiologiques, exposés et discutés dans mon
traité complet de zootechnie, ou *Économie du bétail* (1).

Ces principes diffèrent tellement, sur les points essentiels,
de tout ce qui a été enseigné jusqu'à présent, d'après l'observation empirique, qu'il n'y a guère à redouter de faire double
emploi avec les ouvrages mentionnés plus haut. Nous les
tiendrons pour acquis, et nous nous occuperons seulement de
leur application à l'exploitation lucrative des moutons, renvoyant à notre ouvrage doctrinal les lecteurs qui pourraient
conserver des doutes sur l'exactitude et le fondement de ces
principes généraux de la zootechnie.

Par la précision même que je me suis efforcé de leur faire
acquérir, ils sont les plus propres, je pense, à éclairer la pratique, puisqu'il ne peut y avoir ni doute ni hésitation sur leur
application, et qu'il est toujours permis, avec eux, de prévoir
à coup sûr le résultat auquel on sera conduit. C'est le caractère des sciences constituées, d'où découlent des préceptes
positifs et certains, que nous allons formuler ici en abrégé,
pour ce qui concerne les moutons.

(1) 4 vol. in-18. Paris, Librairie agricole. Prix : 14 fr.

LES MOUTONS

CHAPITRE PREMIER

NOTIONS SUR L'HISTOIRE NATURELLE DES MOUTONS.

Place dans la classification. Les diverses espèces de moutons domestiques appartiennent à l'ordre des *Ruminants*, genre *Ovis* des naturalistes.

Ceux-ci les ont tous réunis, jusqu'à présent, en une seule espèce, qui est pour eux l'espèce *Brebis* (*O. aries domestica*), qu'ils font, pour la plupart, dériver du *Mouflon* (*O. aries*).

La loi maintenant démontrée de la permanence des types spécifiques naturels ne permet plus d'admettre l'hypothèse qui a guidé les classificateurs. Chaque type spécifique de race ovine a eu sa souche distincte. Rien n'autorise à supposer que le temps et les circonstances de milieu aient pu le modifier au point de transformer, par exemple, le mouflon de Corse en mouton des polders de la Hollande. Il y a d'ailleurs plusieurs espèces de mouflons, comme il y a plusieurs espèces de moutons, différant les unes et les autres par leurs caractères typiques, et aussi quelquefois par leurs caractères secondaires.

La détermination exacte de ces caractères, fondamentale pour la classification zoologique, ne l'est pas moins en zootechnie, parce qu'elle exprime les lois de la reproduction des animaux, sur lesquelles seules les entreprises de multiplication de ces animaux peuvent être fondées avec sécurité. Lutter contre les lois naturelles est une tentative vaine ; elles ne se laissent pas transgresser. Le pouvoir de l'homme se borne à les fait agir dans le sens de leur plus grande utilité.

La première dont la connaissance soit essentielle pour l'économie du bétail est précisément celle de l'espèce, celle de la permanence du type spécifique de race, en vertu de laquelle s'établit la classification naturelle des individus et se prévoit, en conséquence, le résultat de leurs alliances.

Entre les diverses espèces qui composent le genre *Ovis*, l'accouplement sexuel est fécond à divers degrés. De ce phénomène de la fécondité, qui présente, ici comme dans tous les autres genres, des nuances presque à l'infini, on n'a rien pu tirer de précis pour la classification. Toutes les espèces de moutons domestiques sont indéfiniment fécondes entre elles. Pourtant il est clair que chacune de ces espèces a une origine primitive distincte, puisque les produits de leur mélange retournent toujours, après un petit nombre de générations, à l'un ou à l'autre des types naturels de leurs premiers ascendants, affirmant ainsi la loi de permanence de ces types.

Nous posons ce fait zoologique au début de notre étude, pour la raison qu'il domine tous les enseignements de la zootechnie, où il avait été jusqu'à ces derniers temps complètement méconnu.

Dans la classification généralement adoptée, suivant les prescriptions de la méthode dite naturelle, applicable à tous les genres d'animaux, on divise le genre *Ovis* en espèces, parmi lesquelles se trouve celle du mouton domestique ou de la brebis, ainsi que nous l'avons dit. Celle-ci est à son tour subdivisée en races, considérées comme résultant de la domestication, par conséquent comme artificielles.

En vérité, si l'on s'en tenait aux habitudes des éleveurs, la notion serait juste ; car il est bien certain que la plupart des races admises et dénommées par eux sont tout à fait artificielles, et même arbitraires. Ils ont une tendance à les subdiviser jusqu'aux dernières limites de l'abus.

Mais en envisageant les choses au point de vue de la réalité, l'on s'aperçoit que les mots sont ici détournés de leur véritable sens, et que les idées qu'ils expriment ne sont point d'accord avec les lois naturelles, qui doivent demeurer la base de toute bonne classification.

Appliquant aux moutons la connaissance acquise de ces lois, nous dirons qu'il y a tout juste autant d'espèces que de races de moutons, ni plus, ni moins. La race est l'ensemble des individus de même type spécifique, nécessairement issus d'une souche commune; l'espèce n'est que l'expression distinctive de ce type : c'est une notion purement abstraite, résultant de la comparaison des divers types entre eux. L'espèce naturelle, chez les moutons comme chez tous les autres animaux, ne se tire donc que de la forme des individus, et elle implique nécessairement la race correspondante, puisque cette forme ne se perpétue que par les générations successives.

Tout sujet du genre dont il s'agit est d'une espèce particulière, mais il n'appartient pas forcément à une seule race : il peut être issu de plusieurs. C'est le cas des *hybrides* et des *métis* à divers degrés, qui sont le produit de l'accouplement sexuel d'individus appartenant à des espèces et à des races distinctes.

Les hybrides et les métis n'ont pas de race qui leur soit propre, attendu que leurs caractères distinctifs individuels, ou leur espèce, ne se reproduisent point dans la suite des générations, lorsqu'ils sont féconds. Il y a, par exemple, plusieurs espèces de mulets. Ceux de la Gascogne et de l'Algérie ne sont pas de la même espèce que ceux du Poitou : ils en diffèrent beaucoup par leurs formes. On comprend à merveille qu'il ne saurait y avoir des races de mulets, ces animaux étant radicalement inféconds.

Dans chaque espèce de moutons, le mâle est appelé *bélier*, la femelle *brebis*. Jusqu'à l'âge d'un an, le premier porte le nom d'*agneau*, la seconde celui d'*agnelle*. Depuis lors jusqu'à l'état adulte, qui arrive à un âge différent, suivant le degré de précocité, ils sont dits *antenois* ou *antenais*, *antenoise* ou *antenaise*, *gandins* et *gandines* dans quelques parties de la France. Une fois émasculé, le mâle est un *mouton*. La brebis qui a fait un ou plusieurs petits est qualifiée de *portière* lorsqu'elle est en gestation, et de *nourrice* après la parturition.

Caractères spécifiques. Chez les animaux du même genre, les caractères spécifiques ou caractères d'espèce se tirent des formes du squelette, qui sont absolument fixes, se transmettent infailliblement par la génération, entre individus semblables ou de la même espèce, et ne peuvent être modifiés, quant à la disposition de leurs lignes, par aucune influence extérieure. Ces formes sont donc sûrement héréditaires dans la race.

Dans la pratique, sur les sujets vivants, les caractères spécifiques de race se manifestent surtout à la tête, où les formes du squelette sont les plus apparentes. Les dispositions des os du crâne cérébral et du crâne facial, recouvertes seulement par la peau et ses dépendances, peuvent être facilement déterminées. Tout ce qui concerne les parties molles sur les autres points du corps n'a qu'une valeur très-secondaire pour la caractéristique, attendu que cela se présente semblable chez des individus appartenant à des races distinctes.

Le squelette seul, et celui de la tête en particulier, donne le type, qui indique la souche, la loi de ce type étant de se perpétuer intact à travers les générations, revenant infailliblement à ses formes primitives, lorsqu'il a été troublé par des générations croisées.

La notion des caractères typiques, nouvelle dans la science, est donc fondamentale pour l'exploitation économique des animaux, puisqu'elle indique à coup sûr les conditions dans lesquelles ils se reproduisent, et les limites imposées par les lois naturelles à l'art de les modifier en vue de nos besoins. Cet art ne peut s'exercer que sur les caractères secondaires, d'après des méthodes aujourd'hui scientifiquement constituées, et dont nous avons ici pour objet d'exposer les modes d'application aux moutons.

L'habitude de voir un grand nombre de bêtes ovines et de les observer fait acquérir la notion différentielle des types, et bien des gens la possèdent qui seraient incapables de l'analyser. Il appartenait à la science d'en faire l'analyse et de faciliter l'étude en donnant à la caractéristique du type des bases précises. Ainsi l'on peut, en y mettant quelque attention, se rendre compte de ses impressions, et leur faire acquérir ensuite une sûreté qui rend toute méprise ultérieure impossible.

Chez les moutons comme chez tous les autres animaux, y
compris les hommes, le crâne cérébral ou la boîte crânienne,
qui loge la cervelle ou le cerveau (*n*, grav. 1), n'affecte que

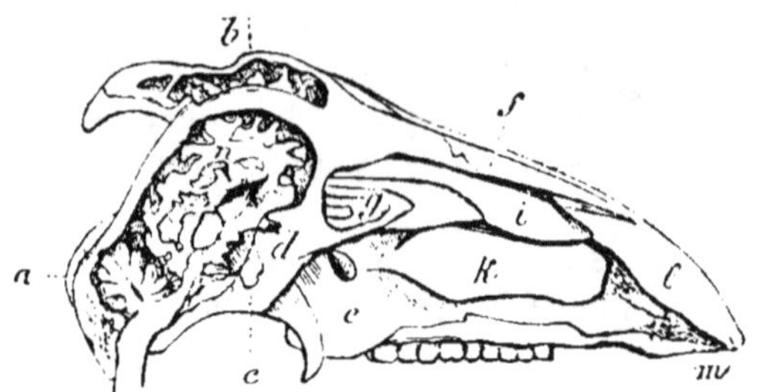

Grav. 1. — Crâne de mouton, coupé dans le sens de sa longueur.

deux formes naturelles. Cette boîte ovoïde, représentée ici
ouverte par une coupe longitudinale, a nécessairement deux
diamètres, l'un dans le sens de la coupe, c'est-à-dire longitudinal, l'autre transversal.

Le premier donne la lon-
gueur du crâne, qui se mesure à partir du conduit
auditif, correspondant à la
cloison qui sépare la cavité
cérébrale de la cavité cérébel-
leuse, jusqu'au niveau du
fond de l'orbite, séparé seulement de la boîte crânienne
par une mince lame osseuse,
soit extérieurement vers le
centre de l'arcade surcilière
(*c*, grav. 2).

Grav. 2. — Régions extérieures du crâne,
sur le vivant.

Le second diamètre est celui de la largeur. Il se mesure assez exactement par la distance qui sépare l'un de
l'autre les sommets des trous auditifs ou les bases des deux
oreilles.

Le type cérébral se tire du rapport qui existe entre l'étendue de ces deux diamètres. Si le longitudinal est plus grand
que le transversal, le crâne est dit *dolichocéphale* (ce qui signifie crâne long ou allongé); si le diamètre transverse est

sensiblement aussi grand ou plus grand que l'autre, le crâne
est *brachycéphale* (dont la signification est crâne court).

On a empiriquement une notion assez précise de ces deux
formes par la distance qui sépare l'œil de la base de l'oreille
sur l'animal vivant. Une comparaison de deux types connus
va nous le montrer. Ainsi, chez le mouton southdown (gr. 3),
qui est le type le plus nettement brachycéphale que nous
ayons, la base de l'oreille ou le trou auditif se trouve bien

Grav. 3. — Crâne brachycéphale.   Grav. 4. — Crâne dolichocéphale.

plus près de l'orbite que chez le berrichon (grav. 4), qui est
non moins nettement dolichocéphale. Il suffirait donc, à la
rigueur, de mesurer à vue d'œil ou directement la distance
de ces deux points, pour distinguer l'un de l'autre les deux
types crâniens.

La dolichocéphalie et la brachycéphalie sont très-impor-
tantes pour la détermination des types spécifiques de race;
mais elles ne sauraient suffire à les faire distinguer, attendu
qu'elles sont, dans chaque genre d'animaux, le propre de
plusieurs espèces d'origines distinctes et différentes par les
caractères de leur crâne facial. Celui-ci donne donc seul la
véritable caractéristique des espèces; et c'est un fait que les
études anatomiques suivies à ce point de vue sur les animaux
ont surtout mis en évidence.

Parmi les os de la face dont les formes sont principalement
caractéristiques du type, le frontal et les sus-naseaux, ou os
propres du nez (*b* et *f*, grav. 1), se placent au premier rang.
Ils correspondent extérieurement aux régions du front et du
chanfrein (*a*, *b*, *c* et *e*, grav. 2).

Le front est plus ou moins saillant et arrondi, plus ou

moins plat, plus ou moins large ou étroit. Cela dépend, en grande partie, de la forme du crâne cérébral et de l'étendue des sinus, dont le vide se voit dans la partie ombrée de la gravure 1. Les types de race dolichocéphale ont généralement le frontal étroit et fortement arqué d'un côté à l'autre, souvent aussi d'avant en arrière, ce qui rend le sommet de la tête (*v.* grav. 2) saillant; ceux de race brachycéphale l'ont plus large et plat (grav. 3), ou faiblement arqué en tous sens (grav. 5).

Grav. 5. — Type à frontal bombé et à dépression sus-orbitaire.

En arrière de l'arcade orbitaire, le frontal porte une dépression transversale profonde, qui rend cette arcade très-saillante (grav. 5), ou bien il n'y a pas de dépression, et l'arcade se confond en arrière avec la table du frontal, sans inflexion (grav. 4).

Chez les sujets mâles adultes, le frontal est naturellement pourvu, de chaque côté, d'une cheville osseuse, qui sert de base à la corne frontale, et dont la forme et la direction sont caractéristiques. Cette cheville est aplatie, à coupe triangulaire, pourvue ou non d'un sillon à sa face supérieure, ou bien à coupe ovoïde; elle est contournée en spirale plus ou moins allongée, ou seulement en arc, dirigée en arrière ou vers le côté, implantée perpendiculairement ou obliquement sur le frontal.

Mais le développement des chevilles osseuses des cornes frontales est souvent entravé par l'arrivée hâtive de l'état adulte; ce qui fait que plusieurs races de moutons en sont maintenant dépourvues et ne peuvent plus par là rien offrir à la caractéristique.

Les formes du chanfrein se distinguent par la longueur et par la largeur relative des sus-naseaux, et par la direction de leur ligne longitudinale. Celle-ci est courte et droite (gr. 5); plus ou moins longue, plus ou moins arquée ou busquée, avec dépression au point de jonction du frontal et des sus-naseaux, entre les arcades orbitaires, ou sans dépression (grav. 4 et 6). Dans le second cas, la face est très-busquée ; dans le premier, elle l'est peu.

Des sus-naseaux étroits, réunis sur la ligne médiane suivant un angle plus ou moins obtus, donnent un chanfrein également étroit et tranchant, déprimé sur les côtés, vis-à-vis le larmier (d, grav. 2). C'est, à divers degrés, le cas de tous les chanfreins busqués. Les sus-naseaux larges et courts, situés sur un même plan par leur face antérieure, ne présentent aucune dépression vers leurs bords externes, où ils se joignent aux maxillaires par une ligne faiblement arquée dans le sens transversal (grav. 3).

La forme des os du nez est peut-être la plus sûrement caractéristique de toutes celles des os de la face.

Dans le grand sus-maxillaire, ou mâchoire supérieure (e, grav. 1), le point important est la crête zygomatique, dont la saillie continue celle du zygomatique, ou os malaire, os de la joue, situé immédiatement au-dessous de l'œil. Sa proéminence plus ou moins forte doit être prise en grande considération. Elle l'est généralement plus dans les races brachycéphales (grav. 3 et 5) que dans les dolichocéphales (grav. 4 et 6).

Grav. 6. — Type à chanfrein busqué.

L'os lacrymal, qui porte le larmier, situé entre le frontal, le zygomatique, le grand sus-maxillaire et le sus-nasal correspondants, contribue à former le plancher de l'orbite, et, en sortant de celui-ci, la dépression latérale du chanfrein, quand elle existe.

Le petit sus-maxillaire ou os inter-maxillaire (l, grav. 1), sur lequel s'appuie la cloison cartilagineuse qui sépare les deux fosses nasales, contribue par son étendue à déterminer la longueur de la face. Il caractérise particulièrement la forme du museau (f et g, grav. 2). Quand il est court comme les autres os de la face, le museau est mousse et la bouche petite (grav. 3); lorsqu'il est long, que les autres os de la face le soient ou non, le museau est pointu ou effilé (grav. 4).

Enfin le maxillaire, ou os de la mâchoire inférieure, a ses

deux branches plus ou moins écartées l'une de l'autre; leur partie montante est coudée à angle plus ou moins ouvert. L'étendue de ses branches, depuis l'arcade incisive jusqu'à l'angle maxillaire, donne la mesure de la longueur de la face; leur écartement, au niveau de cet angle, donne celle de l'écartement des arcades dentaires, et, par conséquent, celle de la largeur de la face. La distance qui sépare les sommets des branches ascendantes, articulés avec les temporaux, permet de juger du diamètre transversal du crâne.

Tel de ces os, que nous venons de passer en revue, considéré isolément, pourrait donc suffire, jusqu'à un certain point, à quelqu'un ayant une grande habitude de ces sortes d'études et connaissant bien les types spécifiques du genre, pour rattacher le sujet auquel il aurait appartenu à son type naturel. Certains d'entre eux offrent des particularités tout à fait caractéristiques. Mais ceci est de la science pure, n'intéressant directement que peu les praticiens. Tous réunis et en place, sur le vivant comme dans un musée de squelettes, leur ensemble fournit la caractéristique certaine du type naturel, dont je me suis efforcé de poser les bases aussi clairement que possible, afin de n'avoir pas besoin d'insister plus loin sur ses applications.

L'espace dont nous disposons, en effet, ne nous permettrait pas d'entrer dans tous les détails de la description des types spécifiques des races de moutons dont l'exploitation méthodique doit nous occuper. Nous serons obligés de nous borner, à cet égard, à des indications sommaires, renvoyant le lecteur qui désirerait en faire une étude complète à l'ouvrage déjà cité (1). Il importe surtout, du reste, de se bien pénétrer des principes de la détermination de ces types, afin de faire cesser les graves erreurs qui ont cours parmi les éleveurs.

Achevons maintenant les notions utiles sur l'histoire naturelle des moutons par l'indication des caractères secondaires, ou mieux des objets d'où ils se tirent.

Caractères secondaires. Chez les moutons en parti-

(1) A. SANSON, *Applications de la zootechnie*, loc. cit., *Espèces ovines*, p. 327.

culier, les caractères que nous considérons comme accessoires, au point de vue de l'histoire naturelle des animaux, ont été de tout temps placés au premier rang pour la caractéristique, par tous les auteurs qui se sont occupés de ce sujet.

De tout temps, en effet, les moutons ont été distingués par leur toison, comme les bœufs par la couleur ou la nuance de leur pelage. Il suffit de savoir que le développement de la laine est le résultat de la culture de l'animal, et qu'elle se présente avec des caractères semblables sur des individus de souches évidemment distinctes, parce qu'ils sont de types différents, en raison de leurs formes spécifiques, pour être convaincu que la caractéristique naturelle n'a rien à tirer de la toison. Celle-ci n'en a pas moins, pour cela, une grande importance, mais c'est à un autre point de vue purement économique.

Les caractères de la toison sont affaire d'aptitude. A l'état naturel, les moutons sont pourvus de deux sortes de poils, ainsi du reste que tous les animaux sauvages. Ces poils, composés des mêmes éléments fondamentaux, qui sont des cellules épidermiques, diffèrent seulement par l'arrangement de leurs cellules composantes. Celui qui, à l'état inculte, domine, est un poil grossier, raide et d'une faible longueur, qui revêt toutes les parties du corps, devenant plus rare seulement au pourtour des ouvertures naturelles et dans le pli de l'aine. Entre ses brins se trouve un duvet fin, court et plus ou moins flexueux, caché par l'imbrication des poils grossiers.

C'est ce dernier duvet qui, par la culture du mouton en état de domesticité, est devenu de la laine et a donné naissance à la toison laineuse, en se substituant plus ou moins complètement au pelage primitif, et en acquérant lui-même des caractères de finesse et des dispositions qui diffèrent, suivant le climat dans lequel il s'est développé et les soins dont il a été l'objet. En beaucoup de cas, le poil roide persiste en proportion plus ou moins forte, et il est connu des éleveurs sous le nom de *jarre*. Le plus souvent il n'a pas disparu du tout sur les régions inférieures des membres, sur la face, sur le sommet de la tête et même sous le ventre. L'objet unique de l'éducation des mérinos a été longtemps de le faire remplacer partout par de la laine, et dans bon nombre de cas on y a réussi.

Il importe d'insister sur l'absence complète de valeur offerte par les dispositions de la toison, ainsi que par les formes du corps, en tant qu'elles soient dues aux proportions des parties musculaires qui entourent le squelette, pour la caractéristique des races. L'erreur qui règne encore à cet égard parmi les éleveurs, qui n'ont point une notion suffisamment exacte de cette caractéristique, obscurcit beaucoup leurs opérations. Elle est la source de la plupart de leurs mécomptes, parce qu'elle leur fait concevoir des entreprises qu'il n'est point en leur pouvoir de réaliser. Elle les porte, par exemple, à poursuivre la création de races nouvelles par des voies détournées, longues et coûteuses, même lorsque le but réel de leur entreprise, qui est seulement le développement d'une ou de plusieurs aptitudes économiques, a été atteint ; tandis que la connaissance de la vérité les mettrait en mesure d'arriver à ce but par le chemin le plus court.

Les animaux étant exploités exclusivement en vue de leurs caractères secondaires, l'objet de la zootechnie est de provoquer le développement de ces caractères dans un sens déterminé, qui est celui de leur plus grande utilité. Et c'est à cela que se borne son pouvoir. Leurs qualités, sous ce rapport, sont des qualités acquises sous l'influence de la culture. Elles n'ont point, pour ce motif, la puissance héréditaire qui leur est propre à l'état naturel, au même titre que celle des caractères typiques. C'est donc commettre une erreur physiologique, et par conséquent une faute économique, de compter sur l'hérédité toute seule pour les reproduire.

Dans les entreprises zootechniques, le choix des reproducteurs ne doit jamais venir qu'au second rang.

Cette vérité, contraire à tout ce qui avait été enseigné jusqu'à présent, résulte précisément de la notion exacte ou scientifique sur ce que nous appelons les caractères secondaires, de la détermination précise des lois naturelles qui régissent la reproduction des animaux. J'invite le lecteur à la bien méditer, avant de la repousser, s'il en sentait l'envie.

Cela ne veut pas dire, qu'on y prenne bien garde, que le choix des reproducteurs puisse être négligé sans inconvénient. On n'aurait point saisi notre pensée, si l'on concluait ainsi du principe que nous venons de poser. Il ne s'agit que du degré d'importance relative présenté par chacun des facteurs de la production économique des animaux.

Pour la conservation des caractères typiques ou spécifiques, pour la reproduction de la race, en d'autres termes, la sélection absolue, l'accouplement des sujets qui offrent ces caractères au plus haut degré, doit être la première des préoccupations.

Pour la conservation des caractères secondaires, pour la multiplication ou le développement des aptitudes économiques, la nécessité de la méthode zootechnique dont l'application a procuré ce développement chez les reproducteurs, passe avant celle du choix de ces reproducteurs, ou sélection relative, par ordre d'importance, afin d'arriver au but qu'il s'agit d'atteindre.

Voilà ce que l'étude expérimentale du sujet a démontré, conformément aux lois naturelles de l'hérédité physiologique, et contrairement aux enseignements qui ne s'en étaient point assez inspirés. Il en résulte des préceptes généraux, dont l'application aux moutons fera voir toute la portée pratique des notions auxquelles j'ai cru devoir consacrer, dans ce chapitre, quelques développements.

CHAPITRE II

NOTIONS SUR L'ANATOMIE ET LA PHYSIOLOGIE DES MOUTONS.

Connaissances nécessaires. Au point de vue de l'exploitation technique, ce qu'il importe de connaître dans l'organisation des moutons se borne aux dispositions générales de leur squelette, sur lesquelles les méthodes zootechniques agissent, pour changer le volume absolu et la direction des os qui le composent ; à celles de leur appareil digestif, en vue desquelles l'alimentation doit être dirigée, et qui offrent un moyen de déterminer approximativement l'âge des sujets par l'examen de la dentition ; enfin à celles de l'enveloppe cutanée ou de la peau, dont les organes de sécrétion fournissent la laine, un de leurs produits les plus estimés.

L'éleveur éclairé ne peut se dispenser de posséder sur ces divers points une certaine somme de connaissances, dont nous allons exposer les éléments.

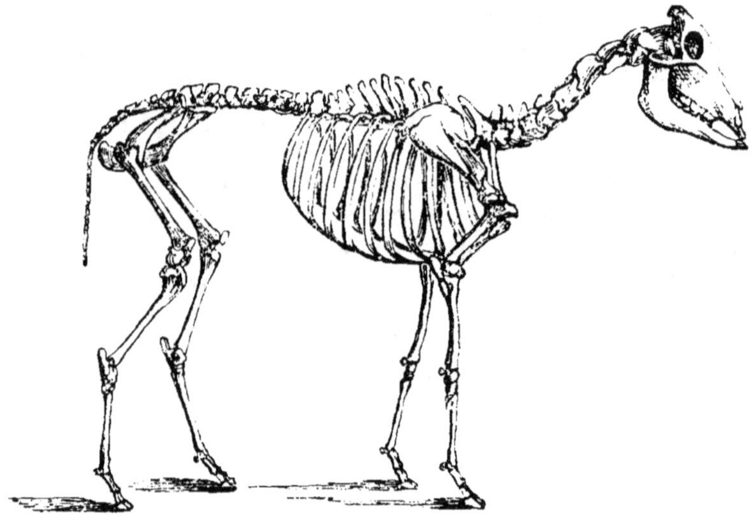

Grav. 7. — Squelette de mouton.

Squelette. Notre intention est moins de décrire ici le squelette du mouton que de placer sa représentation sous les yeux du lecteur (grav. 7). Le dessin, pour ces sortes de choses, a des mérites que la description ne saurait jamais atteindre. Nous ferons donc seulement quelques remarques sur les dispositions naturelles des os qui composent, à l'état naturel, ce que l'on appelle la charpente des bêtes ovines, afin que l'on soit mis en mesure de bien comprendre les modifications que l'application des méthodes zootechniques imprime à ces dispositions.

Disons d'abord, en thèse générale, que les méthodes n'ont aucune action sur le nombre des os, pas plus que sur la forme de chacun, considéré isolément. Ce nombre peut différer, et la forme diffère certainement, du moins quant aux os principaux, qui constituent la tête et la tige vertébrale, suivant le type auquel l'animal appartient. C'est de là qu'est tirée, ainsi que nous l'avons vu, la détermination de ce type, lequel s'est toujours montré invariable, dans l'étendue de temps que l'observation peut embrasser. Les seules modifications que l'on ait observées concernent le volume absolu des os et la direction qu'ils affectent les uns par rapport aux autres, ce qui est sous la dépendance directe des fonctions physiologiques des autres organes de l'économie animale, principalement de ceux de la nutrition.

Les dispositions naturelles du squelette, importantes à connaître, à ce point de vue, sont celles des os de la poitrine ou du thorax, de la croupe ou du bassin, et des membres.

Le thorax, qui loge le cœur et les poumons, c'est-à-dire les organes principaux de la circulation du sang et de la respiration qui vivifie ce liquide par une introduction d'oxygène et l'expulsion des produits des combustions respiratoires, acide carbonique et eau, le thorax est, chez le mouton inculte, étroit et peu profond. Les côtes qui le circonscrivent étant peu arquées, vers leur extrémité supérieure surtout, laissent toute leur hauteur aux apophyses épineuses des vertèbres dorsales, ce qui rend le garrot saillant, ainsi que les lombes, appelées en terme vulgaire les reins, et cela pour des raisons que nous expliquerons mieux tout à l'heure.

Le bassin, également étroit et court, laisse saillir les hanches et donne ce qui est connu sous le nom de croupe avalée. Cela dépend d'une forte inclinaison des coxaux et de leur rapprochement.

Avec ces dispositions, on comprend que les muscles qui, longeant la tige vertébrale, vont du bassin jusqu'aux premières vertèbres du cou, dites cervicales, en passant à la partie supérieure des côtes, soient situés obliquement de chaque côté de la tige, surtout dans la région lombaire, et que celle-ci reste étroite, avec une saillie des vertèbres. Cela se comprend d'autant mieux que les muscles du mouton, à l'état naturel, ne sont point volumineux. Animal paisible et timide, comme le sont tous les ruminants, le mouton livré à ses propres instincts n'a pas besoin d'un système musculaire très-développé.

Ses membres, relativement à la profondeur du thorax, sont longs et volumineux, ce qui est l'indice d'une croissance lente, pour arriver à l'achèvement du squelette ou à l'âge adulte. Ils sont rapprochés l'un de l'autre, dans les deux bipèdes antérieur et postérieur, rarement verticaux, et plus près dans les régions supérieures que dans les inférieures. Comme ailleurs, les muscles y ont peu de développement; les épaules sont plates, peu obliques, et les fesses creuses.

En somme, le poids du squelette, en comparaison de celui des parties molles qui l'entourent et de celles contenues dans les cavités qu'il forme, entre dans le poids total de l'individu pour une proportion très-considérable.

Cette proportion, à mesure que les conditions d'alimentation deviennent meilleures pour l'individu, à mesure que son squelette peut atteindre l'état d'achèvement en un moindre temps, diminue d'une manière plus ou moins sensible. Et c'est ici qu'il convient de placer quelques notions sur le mode de développement des os, qui nous donneront des bases pour la théorie fondamentale de la méthode à l'aide de laquelle l'aptitude dont nous tirons le plus grand parti, chez les animaux que nous élevons pour notre consommation, peut être développée et améliorée. On pratique toujours mieux les choses dont on se rend bien compte.

Toutes les parties du squelette ont un mode de développement parfaitement déterminé et qui est toujours le même. Les phénomènes naturels, soit dit en passant, n'ont d'ailleurs point plusieurs conditions déterminantes : ils s'accomplissent constamment d'une seule façon.

La trame organique azotée qui donne aux os leur forme, et dans laquelle se déposent, suivant certaines dispositions, les matières minérales auxquelles ils doivent leur consistance, cette trame organique est seule susceptible d'accroissement. A mesure que, sous l'influence du mouvement nutritif, de nouvelles cellules organiques s'y forment, de la matière minérale les incruste, et dès lors leur évolution est achevée. C'est ainsi que les choses se passent partout.

Les os d'une certaine étendue se développent ainsi par plusieurs noyaux ou centres d'ossification, qui restent unis entre eux seulement par la trame organique, jusqu'à leur complet achèvement, qui est marqué précisément par l'ossification, ou le dépôt de matière minérale aux points de réunion des noyaux, déterminant la soudure définitive de ceux-ci. Cette soudure effectuée, l'os ne croit plus : il n'y a plus de place pour l'addition de nouvelles cellules organiques. Ce que les anatomistes appellent le *blastème*, dans lequel seulement les cellules trouvent les conditions de leur génération, a disparu entre les noyaux d'ossification.

Dans les os longs, dans ceux des membres par exemple, qui se développent toujours au moins par trois noyaux, ceux-ci ont reçu des noms distinctifs. Le corps de l'os est appelé *diaphyse* : les extrémités sont les *épiphyses*. L'accroissement en longueur se produit exclusivement par les deux extrémités de la diaphyse, séparées des épiphyses correspondantes, avec lesquelles elles s'engrènent au moyen de saillies et de creux réciproques, par la matière organique ou blastême, dont nous venons de parler : cette matière, dans le cas particulier, est appelée cartilage d'ossification, parce qu'elle passe par l'état cartilagineux, avant d'arriver à l'état osseux.

Chez les sujets qui n'ont pas encore atteint l'état adulte, suivant leur âge, les épiphyses peuvent toujours être séparées de la diaphyse, au moins en partie, par la macération ou par la coction dans l'eau. Dès que cet état est arrivé, au contraire, elles se confondent avec le corps de l'os ; et à dater du moment où il en est ainsi, répétons-le, l'os ne peut plus s'accroître en aucun sens, ni en longueur, ni en épaisseur. En termes vulgaires, l'animal ne grandit plus ; il a atteint la taille qu'il conservera toute sa vie. Faisons remarquer à ce propos que la hauteur de la taille, chez les quadrupèdes, dépend principalement de la longueur des membres.

Supposez maintenant, ce qui précède étant connu, que par un artifice quelconque on arrive à hâter, chez un sujet, la soudure des épiphyses ; dès que le résultat sera arrivé, le squelette conservera désormais l'état de développement en volume dans lequel cette soudure l'aura pour ainsi dire surpris. Or, la pratique est en possession depuis longtemps d'une méthode zootechnique à l'aide de laquelle ce résultat est obtenu. On sait que, par une alimentation composée et administrée d'une certaine façon, dans le jeune âge, les animaux sont conduits à l'état appelé *précocité*, remarquable surtout par l'exiguité relative de leur squelette, et dans lequel la maturité naturelle devance de beaucoup son moment habituel. C'est la méthode célèbre de l'illustre Backewel.

La théorie de cette méthode, réalisée empiriquement, n'était point connue. Maintenant que les éleveurs en posséderont les principes d'une manière nette et précise, ils pourront en manier l'exécution ou l'application avec une sûreté inconnue à leurs devanciers.

Ils sauront que l'achèvement hâtif du squelette, en réduisant le poids absolu des os à sa plus faible expression, laisse disponibles les éléments organiques qui auraient dû servir à son accroissement, et que ce sont les parties molles, les parties musculaires principalement, qui en profitent.

Ils sauront que les matières grasses, dont l'intérieur des os longs est abondamment pourvu, sous le nom de moelle, n'ayant plus à remplir que des cavités osseuses plus petites, peuvent se déposer dans le tissu adipeux de toutes les autres régions du corps.

Ils sauront qu'une nutrition plus active, en procurant un développement plus considérable de tous les tissus qui enveloppent le squelette, fait noyer en quelque sorte celui-ci, d'ailleurs plus exigu, comme nous l'avons expliqué, de telle façon qu'on n'aperçoit plus aucune de ses parties saillantes. Le corps de l'animal a pris partout une plus grande épaisseur. Les épaules, éloignées du thorax par les parties charnues interposées, élargissent à la fois le garrot et la base de sustentation des membres antérieurs. La poitrine, extérieurement plus ample, bien qu'en réalité la cavité thoracique n'ait pas augmenté d'étendue, paraît aussi plus profonde, parce qu'on la compare à la hauteur des jambes, qui a diminué. Le train postérieur, en vertu de la loi anatomique de corrélation des organes, doit acquérir les mêmes proportions, sur l'ensemble desquelles nous aurons du reste à revenir, lorsque nous nous occuperons plus loin des conditions de la beauté zootechnique des moutons.

Ajoutons seulement, avant de terminer sur ce point, qu'il n'est plus difficile d'expliquer à présent comment il se fait que les animaux précoces, dans toutes les races, aient la tête plus fine, et les membres aussi, que ceux auxquels les méthodes zootechniques sont demeurées étrangères. On se rend compte à merveille que ces parties du squelette, seules apparentes chez l'animal vivant, ont subi, ni plus ni moins que tout le reste, la réduction opérée par la précocité. Mais il ne faut pas oublier que si leur volume et leur poids absolu ont diminué, leur volume relatif et leurs formes typiques n'ont subi aucune espèce de modification. En définitive, la réduction a été absolue.

Appareil digestif. Un aperçu des dispositions de l'appareil digestif des ruminants en général, du mouton en particulier, est nécessaire pour que l'on soit en mesure de diriger l'hygiène alimentaire de l'animal en complète connaissance de cause. Les préceptes empiriques ne sauraient jamais tenir lieu de notions scientifiques précises. Avec celles-ci, l'on est toujours prêt pour toutes les éventualités, pouvant apprécier les raisons des choses, tandis que l'empirisme ne peut éclairer que sur ce qui s'est déjà présenté un grand nombre de fois.

Il est bon de savoir d'abord que la mâchoire supérieure du mouton est dépourvue de dents incisives. Ces dents y sont remplacées, comme chez tous les ruminants, par un bourrelet fibreux revêtu de la muqueuse buccale, et sur lequel vient s'appuyer la table des incisives de la mâchoire inférieure. La forme et le mode de développement de ces incisives fournissant des indications pour la connaissance de l'âge, elles seront décrites plus loin en particulier. Quant à présent, bornons-nous à faire remarquer que la disposition de cette partie de la bouche impose au mouton un mode spécial de préhension des aliments, qui est important à connaître, en vue de la consommation des pâturages surtout.

Le mouton n'incise point les plantes, comme les autres herbivores dont chacune des deux mâchoires est pourvue d'une arcade incisive : il ne peut que les presser entre ses dents et son bourrelet, pour les rompre au-delà du point saisi, en tirant dessus. Cela fait facilement comprendre qu'il arrache, en les broutant, toutes celles dont la tige offre à ses efforts de traction une résistance qui dépasse la résistance opposée par la racine fixée dans le sol.

Cette particularité, qui est un avantage lorsqu'il s'agit de purger un sol meuble des mauvaises herbes qui peuvent l'infester, au moment où leur pousse s'effectue, devient un grave inconvénient dès que l'on fait pâturer par les moutons de jeunes plantes cultivées, qui n'ont pas encore eu le temps d'étendre leurs racines. Elle indique qu'il ne faut jamais les envoyer que dans des pâturages bien affermis ; autrement, ils y font des vides d'autant plus difficiles à combler par le tallage ou par le semis naturel, que le nombre des sujets arrachés par leur dent a été plus grand.

Le fait a été observé souvent, et l'indication du précepte se trouve dans tous les ouvrages pratiques. Par ce qui précède, on en a le motif, qui lui donnera, je pense, une utile sanction.

L'ordre zoologique auquel appartiennent les moutons doit son nom à la manière dont s'opère chez eux la digestion des aliments. En se laissant aller à l'idée des causes finales, il semblerait que l'appareil digestif des animaux de cet ordre a été disposé en vue du peu de résistance qu'ils peuvent opposer aux attaques des carnassiers affamés, étant à peu près démunis d'armes défensives.

En effet, cet appareil est organisé de façon à ce qu'ils puissent, aussi rapidement que possible, faire provision de la quantité d'aliments nécessaire pour leur repas, puis s'enfuir aussitôt en lieu sûr, afin d'y préparer leur digestion par l'opération que les physiologistes appellent la rumination : d'où leur nom de ruminants.

Au lieu d'un sac unique, comme chez les autres animaux, leur estomac présente quatre compartiments distincts, dont chacun a une fonction dans l'acte digestif.

Le premier, sorte de réservoir provisoire, dans lequel tombent les aliments à mesure qu'ils sont ingérés avec la rapidité dont nous venons de parler, est le plus spacieux de tous ; il occupe la plus grande partie de la cavité abdominale et s'étend obliquement jusque dans le flanc gauche, où il fait saillie lorsqu'il est plein : c'est le *rumen,* ou la *panse,* qui a la forme d'un vaste sac ovoïde. Il est, par son extrémité antérieure, en communication avec l'*œsophage,* conduit membraneux qui part de la bouche, par l'intermédiaire du *pharynx,* et qui entre dans le rumen par une ouverture évasée en forme d'entonnoir.

Le deuxième compartiment, beaucoup moins volumineux, appelé *réseau,* à cause des cellules hexagonales, sortes d'alvéoles, que présente sa membrane interne, ne contient jamais que du liquide à peine mêlé de matières solides fort délayées. Il a une forme globuleuse.

Le troisième, à peu près de même volume que celui-ci, vient ensuite, et se montre muni intérieurement d'une série de lames membraneuses, fixées par un de leurs bords à la surface du sac et libres par l'autre, qui est dirigée vers l'ouverture de communication entre les trois premiers compartiments de l'estomac. Ces lames, qui n'ont pas toutes la même hauteur, sont disposées à la manière des feuillets d'un livre : de là le nom de *feuillet,* donné au compartiment. On y trouve toujours des matières solides pressées entre les lames membraneuses et plus ou moins sèches.

Enfin le quatrième, appelé *caillette,* est l'organe essentiel de la digestion. C'est dans son intérieur que s'élabore le suc gastrique et que s'opère la préparation définitive des matières alimentaires pour l'absorption. La caillette a la forme d'un sac conique incurvé. Sa membrane interne est organisée comme celle du sac droit de l'estomac de tous les autres herbivores.

Les trois compartiments qui la précèdent représentent le sac gauche, plus les organes particuliers de la fonction de la rumination, dont nous allons maintenant nous occuper.

Chez les ruminants, les aliments sont ingurgités, ainsi que nous l'avons déjà dit, à mesure que l'animal les broute ou les prend au râtelier, et sans qu'il se donne le temps de leur faire subir la mastication. Ils tombent dans la panse, où ils s'accumulent jusqu'à ce que ce compartiment de l'estomac soit entièrement plein. Alors commence, si l'animal peut rester en repos, ou si même il n'est pas soumis à une marche trop précipitée, cette importante fonction de la rumination, qui est la deuxième phase de la fonction digestive, la première consistant à faire provision, dans le rumen, de matières alimentaires.

Par une disposition spéciale de la surface interne de la

panse, séparée longitudinalement en deux sacs par de gros faisceaux charnus appelés piliers, et pourvue d'une muqueuse revêtue d'un épiderme épais et folliacé qui la rend insensible, les matières alimentaires y cheminent sous l'influence des contractions de sa membrane musculeuse, de manière à ce que ces matières se présentent à l'ouverture de l'œsophage. Une certaine quantité s'introduit par cette ouverture, et les contractions du conduit œsophagien, en sens inverse de l'ingurgitation, la ramènent dans la bouche. C'est une véritable régurgitation, premier temps de la rumination. Le mouvement et le bruit qui se produisent alors sont faciles à percevoir, quand on observe l'animal après son repas.

Arrivé dans la bouche, le bol alimentaire est aussitôt soumis à une mastication qui se prolonge plus ou moins longtemps, suivant la nature des matières. La trituration et l'insalivation étant suffisantes, le nouveau bol est dégluti et ingurgité de rechef, mais alors il ne tombe plus dans le rumen. Un canal particulier, appelé *gouttière œsophagienne*, le conduit dans le feuillet, où les matières solides sont retenues entre les lames, comme nous l'avons déjà vu, celles qui ont été assez divisées et insalivées, ainsi que les sucs, passant directement dans la caillette, pour y être digérées et absorbées en partie.

La gouttière œsophagienne, dont nous nous sommes réservé de parler à ce moment, est formée de deux épaisses lèvres charnues, partant de l'ouverture de l'œsophage dans la panse, et se dirigeant, le long de l'extrémité supérieure ou plutôt antérieure de celle-ci, vers le réseau et le feuillet, c'est-à-dire de gauche à droite. Elle n'entre en fonction qu'au moment où un bol alimentaire bien insalivé et ingurgité modérément se présente à l'ouverture œsophagienne du rumen. Par la contraction de ses lèvres, elle s'empare de ce bol et le conduit à destination. Elle fait de même pour les liquides humés lentement ou déglutis par petites quantités à la fois. Tout ce qui arrive au contraire brusquement à l'entonnoir œsophagien tombe directement dans le rumen. Et il est bon de se souvenir du fait, lorsqu'on a, par exemple, des médicaments liquides à administrer.

Le premier bol revenu à la bouche ayant été dégluti de

nouveau et conduit à destination par la gouttière œsophagienne, un second se présente, en vertu du même méca-
nisme, pour subir la même opération, et ainsi de suite jusqu'à épuisement de la provision accumulée dans la panse.

Telle est la fonction de la rumination, qui est la principale,
chez les animaux dont nous nous occupons. Il ne sera pas
nécessaire d'insister beaucoup, sans doute, pour faire comprendre combien il importe qu'elle ne soit point troublée.

Les matières alimentaires accumulées dans le rumen n'y
peuvent séjourner au-delà d'un certain temps sans y produire
une gêne considérable, et sans subir une fermentation dont
les conditions nécessaires, humidité, chaleur, et présence
d'une matière fermentescible, sucrée ou glycogène, se trouvent toujours réunies. Les produits gazeux de cette fermentation, en s'accumulant, distendent outre mesure la panse,
qui refoule en avant le diaphragme, comprime les poumons
dans la cavité thoracique, entrave la respiration et aussi la
circulation du sang dans les gros vaisseaux, et détermine par
là une prompte asphyxie.

C'est ce que l'on appelle la *météorisation*.

La production de ce grave accident peut dépendre de la
nature des aliments ingérés, aussi bien que des entraves
mises à la rumination par l'action d'influences extérieures.
Celles-ci sont moins graves et moins fréquentes, en ce sens
qu'elles n'atteignent le plus ordinairement qu'un petit nombre d'individus. La qualité du fourrage, au contraire, étant
la même pour tous, est plus à redouter.

Les plantes très-sucrées, qui ont été échauffées par le soleil, entrent en fermentation avec une grande facilité, dès
qu'elles sont arrivées dans le rumen, et par la distension exa-
gérée de ce réservoir, elles mettent obstacle à son fonctionnement pour la rumination. C'est pour cela que le pâturage des
prairies de légumineuses, au-delà d'une certaine heure de la
matinée, dans les jours où le soleil darde un peu trop, produit si fréquemment la météorisation des moutons.

Encore ici, la connaissance de la fonction fera mieux voir
que tous les préceptes empiriques possibles ce qu'il convient
d'éviter pour prévenir les accidents.

Connaissance de l'âge. Les dents, avons-nous dit,

font leur éruption à des époques déterminées, qui peuvent permettre d'apprécier l'âge des sujets par l'examen de la dentition. Il y a cependant une importante remarque à faire à cet égard.

L'éruption des dents permanentes est ordinairement corrélative du développement ou de l'accroissement du squelette. Lorsque toutes les épiphyses sont soudées, le sujet est pourvu de toutes ses dents de remplacement. Or, nous avons vu que l'état de précocité, amené par l'application des méthodes zootechniques, se caractérise essentiellement par la soudure hâtive des épiphyses. C'est un fait que mes propres recherches ont mis pour la première fois en lumière.

Les indications tirées de l'état de la dentition pour la connaissance de l'âge, telles qu'elles nous ont été enseignées par nos devanciers, ne sont donc plus applicables à tous les individus indistinctement. Fondées sur l'observation des sujets soumis au régime le plus commun, elles sont devenues fautives, quant aux races ou aux individus précoces. C'est une nouvelle étude à faire, et dont les approximations, en aucun cas, ne sauraient être aussi rigoureuses. On n'est jamais bien fixé sur le degré de la précocité, celle-ci étant le plus souvent une qualité individuelle, du moins quant à sa mesure.

Il était indispensable de placer ce que nous allons dire sous le bénéfice de cette réserve, afin d'éviter au lecteur les erreurs possibles. Ajoutons toutefois que les erreurs de supputation ne peuvent point être bien considérables ni bien graves, lorsqu'il s'agit d'animaux dont la vie est aussi courte que l'est celle des moutons, dans notre économie rurale.

Les mâchoires du mouton sont pourvues, ainsi que celles du bœuf et de la chèvre, ruminants comme lui, de trente-deux dents, dont vingt-quatre molaires et huit incisives seulement. On sait que celles-ci sont remplacées par un bourrelet à la mâchoire supérieure. La formule dentaire des moutons est donc $= \frac{12}{20}$.

La connaissance des incisives nous intéresse seule.

Les dents *incisives permanentes* sont précédées par des *incisives caduques* ou *dents de lait*, moins volumineuses nécessairement, et qui cèdent la place aux autres au moment de leur éruption. Elles ont toutes une partie libre, aplatie en forme de palette, entièrement recouverte d'émail dentaire, tranchante à son bord, portant à sa face supérieure, qui est la *table dentaire* (*a*, grav. 8), deux sillons latéraux, où se dépose du tartre qui leur donne une teinte plus foncée. La partie libre s'unit à la racine par un rétrécissement ou *collet*,

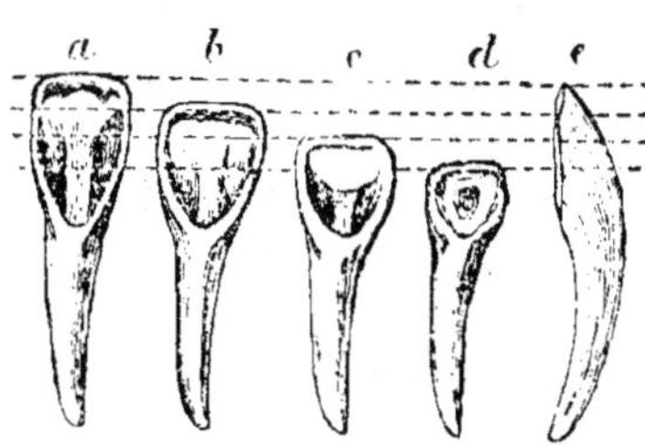

Grav. 8. — Formes de la table dentaire.

que la gencive recouvre chez les animaux jeunes, mais qui se déchausse à mesure qu'ils avancent en âge.

Les dents, par le frottement des aliments plus ou moins durs qu'elles saisissent, s'usent d'une quantité moyenne déterminée pour un temps donné. Cette usure est un des éléments de la connaissance de l'âge. On en voit les effets, de face et de profil, dans la gravure 8 (*a*, *b*, *c*, *d*, *e*).

Il est facile de s'apercevoir que la table dentaire diminue de longueur en se taillant en biseau, ce qui fait bientôt apparaître, entre les deux surfaces émaillées de sa superficie, la couche d'ivoire dentaire qui les sépare. Celle-ci va s'épaississant, à mesure que l'animal avance en âge, et un moment arrive où le collet étant lui-même entamé, le *cornet dentaire* de la racine apparaît par son fond d'ivoire au milieu des restes de l'émail. La marque qui en résulte (*d*, grav. 8) est appelée *étoile dentaire*. Alors les dents sont toutes plus ou moins fortement séparées les unes des autres. L'espace qui sépare surtout les deux dents du milieu de l'arcade incisive est connu sous le nom vulgaire de *queue d'aronde*, ou encore *queue d'hironde*.

Les incisives, on le sait sans doute, sont disposées par paires. Les deux premières ou centrales, contiguës l'une à l'autre, sont les *pinces*; les deux suivantes, de chaque côté, sont les *premières mitoyennes*; les deux autres, les *secondes mitoyennes*; enfin, les deux dernières, les *coins*.

Ces faits posés, voyons-en l'application à la détermination de l'âge.

Les agneaux naissent habituellement sans aucune incisive.

Les huit dents de lait poussent toutes dans les vingt à vingt-cinq premiers jours de la vie. Entre le deuxième et le troisième mois, leurs bords antérieurs se nivellent, de façon à ce que l'arcade incisive arrive à l'état qu'on appelle le *rond*. Elles s'usent ensuite irrégulièrement et ne peuvent plus fournir aucune indication. C'est l'éruption des molaires permanentes qui peut être interrogée utilement. En naissant, l'animal en a apporté trois caduques à chaque mâchoire.

A *trois mois*, la première molaire permanente (quatrième de la rangée) se montre. La deuxième fait éruption à *neuf mois*. Tout animal qui n'a qu'une molaire permanente est donc entre l'âge de trois mois et celui de neuf mois. Celui qui en a deux, avec toutes ses incisives de lait, est âgé de plus de neuf mois.

Grav. 9. — Deux dents d'adulte
(12 ou 15 mois).

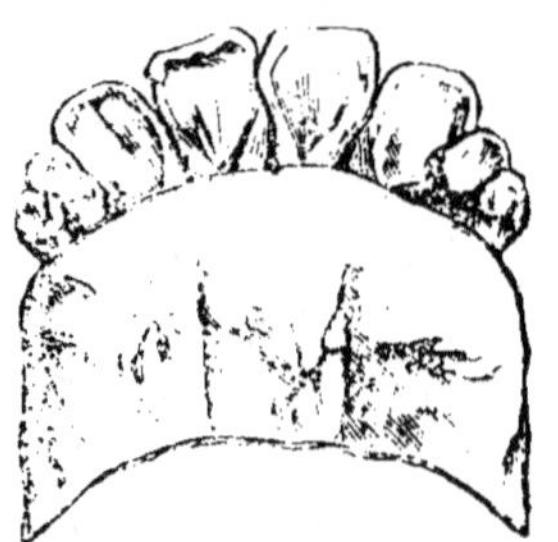

Grav. 10. — Quatre dents d'adulte
(20 ou 24 mois).

La question, toutefois, a besoin d'être étudiée chez les individus précoces, où l'éruption des molaires devance vraisemblablement ces époques.

A ce propos, nous ferons remarquer que dans les indications qui vont suivre, les premières se rapportent aux sujets communs, les secondes aux sujets précoces. Cela soit dit une fois pour toutes, afin d'éviter des répétitions fastidieuses. On est aussi prévenu que nous désignerons par l'expression de dents d'adulte les incisives de remplacement ou permanentes, qui vont nous servir désormais à déterminer l'âge.

Deux dents d'adulte indiquent l'âge de *quinze à dix-huit mois*, suivant l'état plus ou moins complet de leur éruption, ou celui de *douze à quinze mois* (grav. 9). L'agneau est devenu antenais.

Quatre dents d'adulte, de *vingt-quatre à trente mois*, ou de *vingt à vingt-quatre mois* (grav. 10).

Six dents d'adulte, de *trente à trente-six mois*, ou de *vingt-quatre à trente mois* (grav. 11).

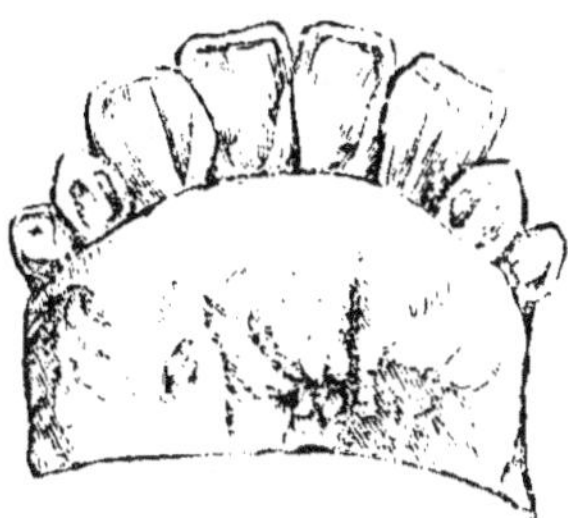

Grav. 11. — Six dents d'adulte
(24 ou 30 mois).

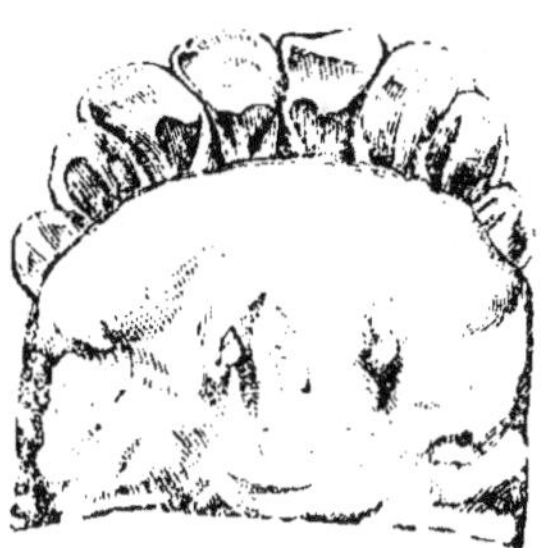

Grav. 12. — Huit dents d'adulte
(30 ou 40 mois, *bouche faite*).

Huit dents d'adulte, de *quarante à quarante-huit mois*, ou de *trente à trente-six mois*. On dit alors que l'animal a *bouche faite* (grav. 12).

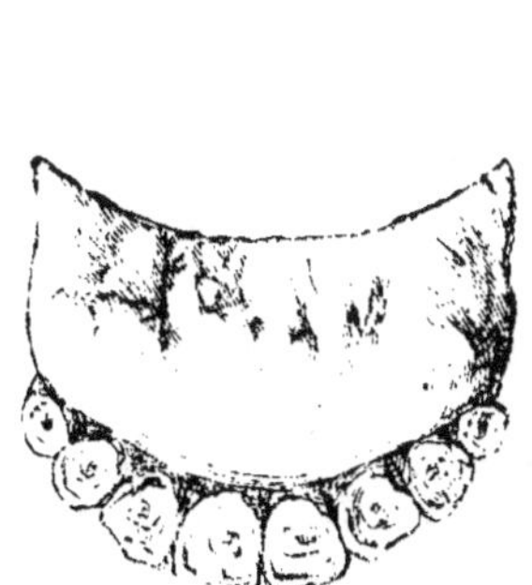

Grav. 13. — Dents usées (hors d'âge).

Grav. 14. — Examen de la bouche.

Les incisives permanentes sont *au rond à soixante mois*, ou à *cinq ans*; mais passé l'apparition des coins ou l'état de *bouche faite*, l'aspect de la table dentaire ne peut plus donner que des indications fort sujettes à caution, l'usure en étant fort irrégulière. Cela n'a du reste qu'un bien faible intérêt, les moutons devant être réformés ou engraissés au plus tard vers ce moment.

En tout cas, avec des dents usées (grav. 13), le mouton est considéré comme hors d'âge. On ne compte plus, à moins qu'il ne s'agisse d'un reproducteur précieux, et alors on ne peut manquer de connaître la date exacte de sa naissance.

Pour examiner la dentition du mouton, on lui saisit les mâchoires comme le montre la gravure 14, tout en le retenant entre ses jambes.

Appareil tégumentaire. Dans l'organisation animale, le contact avec ce que Geoffroy Saint-Hilaire a appelé le milieu ambiant, notamment avec l'air atmosphérique, s'opère par l'intermédiaire d'un tégument ou membrane, qui enveloppe tous les organes, à l'intérieur des cavités du corps comme à l'extérieur de celui-ci.

Cet appareil tégumentaire, dont la constitution anatomique fondamentale est la même partout, diffère seulement par la forme de ses appendices.

A l'intérieur des grandes cavités du corps, il fournit les muqueuses, dont les principales sont les membranes des appareils respiratoire et digestif; à l'extérieur, il fournit la peau. L'on sait parfaitement que ces deux manières d'être du tégument se continuent sans interruption, au niveau des ouvertures naturelles de l'économie animale, en se modifiant seulement dans leur forme.

Nous n'avons pas à décrire ici la structure des muqueuses; la peau seule doit nous occuper, à cause de la fonction économique qu'elle remplit chez le mouton cultivé. Disons toutefois que partout, dans les muqueuses comme dans la peau, le tégument est composé de trois membranes superposées et d'une épaisseur variable, qui sont, par ordre de superposition, le *derme*, le *corps muqueux* et l'*épiderme*.

Le derme est la base du tégument, il en est la partie la plus consistante, et il s'épaissit plus ou moins, suivant les régions des muqueuses ou de la peau; celles-là sont en grande partie réduites au corps muqueux proprement dit, qui contient les vaisseaux capillaires sanguins et les organes sécréteurs des sucs digestifs, de la sueur, du pigment ou matière colorante de la peau, etc.

L'épiderme, qui porte dans les muqueuses le nom d'épithélium, est pour l'instant la partie qui nous intéresse le plus. A la surface de la peau, il forme une couche mince, transparente, dont la fonction est de protéger le corps muqueux contre l'action directe de l'air. Il présente une multitude de petites ouvertures ou pores, par lesquelles s'échappe la sueur ou perspiration cutanée insensible, opérant une fonction dépurative tellement indispensable, que la vie ne saurait se continuer lorsque les pores épidermiques ont été artificiellement obstrués à l'aide d'un enduit imperméable. En outre, de distance en distance, il fournit des prolongements filamenteux, dont le nombre varie beaucoup pour une surface déterminée, suivant des circonstances que nous examinerons. Ces filaments épidermiques, séparés ou réunis, variables quant à leur volume et à leur forme, sont les *poils*, les *cornes* et la *laine*, chez les moutons. Ils ont pour base un petit tubercule conique du corps muqueux, appelé *bulbe*, lorsqu'il s'agit du poil ou de la laine, et aussi de la corne des pieds ; quant aux cornes frontales, c'est la cheville osseuse du crâne qui en forme la base.

Autour du bulbe pileux ou laineux, les cellules épidermiques, complètement inertes d'ailleurs, c'est-à-dire étant ce que les histologistes appellent un produit, et non pas un élément anatomique, ces cellules, dis-je, se groupent situées de champ (car elles sont aplaties) autour du bulbe, et sont chassées en avant à mesure que de nouvelles cellules se produisent, les cellules épidermiques ordinaires qui les entourent formant avec elles un angle à peu près droit.

C'est ainsi que le filament laineux se développe et s'accroît, offrant dans son axe une sorte de canal médullaire, dont la base correspond au sommet du bulbe, et qui est rempli par de la substance épidermique sans forme déterminée, ou granuleuse.

La forme et le volume de ce filament dépendent de la forme du bulbe, des inflexions que lui impriment les cellules épidermiques cutanées, situées à sa base, et de l'activité de son fonctionnement. Cette forme est donc subordonnée à la façon dont le filament sort, pour ainsi dire, de l'ouverture laissée dans la membrane épidermique pour loger le bulbe.

Des recherches microscopiques spéciales d'un savant Allemand distingué, Guillaume de Nathusius, qui est en même temps un des plus grands éleveurs de moutons de la Prusse, ont jeté sur cette question importante de zootechnie pratique un jour nouveau, dont il sera bon de tirer profit.

Non seulement, en effet, ces recherches montrent que la forme et la qualité de la laine ne peuvent être d'aucun secours pour la détermination des types de moutons et pour la classification naturelle de leurs races, contrairement à ce que l'on croit trop généralement, même dans les régions de la science pure ; mais encore elles font voir que l'une et l'autre sont complètement sous la dépendance des méthodes zootechniques, dont les conditions d'application à cet objet restent seules à déterminer d'une manière exacte.

Le problème étant de cette façon bien posé, il sera certainement résolu par des études ultérieures. C'est l'immense avantage des découvertes scientifiques, de montrer ainsi clairement la voie au bout de laquelle se trouve la vérité d'application qu'elles font entrevoir.

Quoi qu'il en soit, nous savons dès à présent comment se produit le filament laineux. Laissons de côté la direction qui lui est imprimée, et occupons-nous seulement de son diamètre, d'après lequel les laines sont classées dans le commerce. Il est facile de comprendre maintenant comment il se fait que ce diamètre puisse dépendre de l'activité du bulbe à produire les cellules épidermiques. Il ne le sera pas moins d'expliquer pourquoi la finesse du filament ou brin de laine est en rapport avec le nombre de filaments ou de bulbes pour une surface déterminée de la peau. A égale activité de chaque bulbe, l'étendue de celui-ci est nécessairement commandée par l'espace qu'il peut occuper ; et pour une quantité donnée de matière épidermique, la part de chacun se réduit, à mesure que le nombre total augmente. Une plus grande activité de l'organe et une plus forte somme de matière à diviser ont pour effet de produire une plus grande étendue de filament en longueur, non en diamètre : le brin de laine s'allonge en moins de temps, il ne se grossit pas.

On sait fort bien que la finesse et le *tassé* (en termes techniques) se trouvent toujours réunis, c'est-à-dire que plus il

y a de brins de laine sur une étendue superficielle de la peau
du mouton, plus chacun de ces brins est délié. Il est incontestable également, bien que cela ait été contesté par pure
hypothèse et avant toute observation directe, que chez les moutons mérinos précoces, la toison n'a rien perdu ni de sa finesse
ni de son tassé, en gagnant de la longueur, et par conséquent
du poids. L'aspect de cette toison, à l'extérieur, a seulement
changé. La mèche de laine, étant devenue plus longue, paraît
moins carrée et moins tassée : mais ce n'est qu'une illusion.
Le nombre des brins qui la composent n'a point diminué. Il
y en a toujours autant par centimètre carré superficiel de la
peau.

Le filament laineux, ainsi que tous les poils, est donc une
production épidermique, dont la structure propre, répétons-
le, a été bien étudiée par Guillaume de Nathusius. Le bulbe
du corps muqueux de la peau est l'organe producteur de ce
filament, par une addition de cellules aplaties, d'une forme
particulière, qui partent de sa surface. Le nombre et l'étendue de ces cellules sont en rapport avec l'activité du bulbe, et
celle-ci dépend de deux conditions : de l'état constitutionnel
de l'animal, et de l'alimentation qu'il reçoit. Il en est ainsi
pour toutes les sécrétions.

Le fait est mis en évidence par l'observation. On constate
fréquemment, soit une pousse moins active de la laine, soit
des inégalités de diamètre sur divers points de l'étendue des
brins, correspondant à des périodes durant lesquelles la santé
de l'animal a été altérée, ou son alimentation moins abondante ou moins riche.

De cette notion scientifique découle un précepte pratique,
dont elle rend l'importance facile à saisir, et qui consiste en
ce que la bonne production de la laine ne peut être assurée
que par une hygiène bien réglée du mouton et par la régu-
larité de son alimentation.

Enfin, pour finir sur les notions anatomiques et physiologiques que nous avons voulu consigner ici, ajoutons que la
peau du mouton est pourvue d'un système de petits follicules,
qui élaborent les matières grasses en si grand nombre dont
les combinaisons constituent ce que l'on appelle le *suint*.

Le suint est une substance excessivement complexe et très-variable dans sa composition. M. Chevreul, qui l'a étudié après Vauquelin, n'y a pas trouvé, dans les divers échantillons qu'il a examinés, moins de trente-cinq principes immédiats *acides gras*, diversement combinés en nombre avec les trois principes immédiats qui forment les bases de la plupart des matières grasses, l'*oléine*, la *margarine* et la *stéarine*. L'oléine est très-fluide; la margarine l'est moins, et la stéarine est solide. La fluidité du suint dépend, en conséquence, des proportions relatives de ces trois bases qu'il contient. Plus l'oléine y est proportionnellement abondante, plus il est onctueux; et inversement, il l'est d'autant moins que la margarine et la stéarine y prédominent davantage.

Nous verrons que le suint fluide et onctueux est celui qui communique à la laine ses qualités les plus estimées. Non seulement il enduit la surface du filament, de manière à le rendre doux au toucher; mais encore il le pénètre et lui communique, en diminuant la consistance des cellules épidermiques, plus de moelleux et d'élasticité.

La qualité du suint est liée à l'épaisseur de la peau et à l'abondance des bulbes laineux. Plus ceux-ci sont nombreux, moins il y a de place pour les follicules interposés, et moins facilement filtrent par les ouvertures épidermiques de ces follicules les matières grasses les moins fluides. Cette qualité dépend aussi, nécessairement, comme celles des cellules laineuses, de l'état général du sujet chez lequel le suint s'élabore. Cela fait comprendre à quel point encore, sous ce rapport, l'hygiène du mouton importe. Les moindres altérations de sa santé influent sur la composition du suint, et à un degré moindre, mais non à négliger, les conditions d'habitation et de nourriture.

C'est ce que les praticiens éclairés savent bien, quoiqu'ils n'en connaissent point la raison physiologique. Le lecteur, maintenant, se fera une idée plus juste et plus précise de la nécessité d'un bon fonctionnement de toutes les parties du tégument cutané, chez le mouton, pour que la production de la laine soit régulière et aussi avantageuse que possible. Il comprendra surtout comment il se fait, contrairement à des vues théoriques d'une physiologie insuffisante, que l'activité nutritive et l'élaboration de la laine fine soient parfaitement compatibles entre elles.

CHAPITRE III

LES RACES DE MOUTONS.

Définition de la race. Avant de passer en revue les diverses races de moutons exploitées par les éleveurs, il sera bon de revenir un peu sur la définition du terme, dont il est fait un si fréquent abus. Nous en avons donné un aperçu en commençant, lorsque nous nous sommes occupés de la classification de ces animaux. Il est extrêmement utile d'avoir sur ce sujet une notion exacte et précise, car de la confusion des idées qui règnent à cet égard, résultent tous les malentendus qui éternisent des discussions oiseuses sur les principes de l'amélioration zootechnique.

Tous les bons esprits sont convaincus qu'il importe avant tout de bien fixer le langage de la science, afin d'éviter les méprises dans ses applications. Il faut que les mêmes mots signifient pour tout le monde les mêmes choses.

Nous avons déjà dit que la race, en histoire naturelle des animaux, est l'ensemble des individus issus des mêmes souches paternelle et maternelle. En réalité, ce n'est que l'extension de la famille primitive, le résultat de sa multiplication dans l'espace et dans le temps. Deux individus de sexe différent et de même type spécifique se sont accouplés ; ils se sont reproduits un certain nombre de fois ; leurs produits, accouplés de même, se sont multipliés à leur tour, et ainsi de suite jusqu'à nos jours, en progression géométrique, sauf les causes de destruction.

Ainsi s'est constituée la race de chaque type naturel, qui,

considérée dans l'espace, peut se diviser en tribus, qui se subdivisent elles-mêmes en familles, au sens précis que notre langue attache à ces mots. La famille s'entend d'un père, d'une mère et de leurs fils, même seulement d'un père ou d'une mère et de leur descendance directe. Un groupe de familles de même ascendance forme la tribu ; un ensemble de tribus forme la race, qui dépasse la notion d'espace pour entrer dans celle de temps, et qui embrasse à la fois l'ascendance et la descendance.

Cela posé, nous ajouterons qu'étant démontrée la permanence du type dans la suite des générations, tous les individus de même type spécifique ou de même espèce, c'est-à-dire tous ceux qui présentent les mêmes caractères typiques, peuvent à coup sûr, et doivent, sans qu'il soit besoin de remonter à leur généalogie, être considérés comme appartenant à la même race et comme capables de la perpétuer, sauf retards ou perturbations momentanées d'un atavisme multiple.

Pour les lecteurs qui ne seraient pas au courant déjà des termes zootechniques, nous devons dire ici que l'atavisme est l'influence des ascendants, en vertu de laquelle un reproducteur peut communiquer à son produit des caractères qu'il ne manifeste point lui-même, mais qui ont appartenu à l'un de ses propres ascendants, paternel ou maternel. C'est ce qui fait que la puissance héréditaire individuelle des métis ou descendants de deux races distinctes est toujours douteuse, tandis que celle des individus purs est au contraire certaine, l'atavisme, ou hérédité des ascendants, se confondant chez ces derniers avec l'hérédité individuelle. Dans le phénomène de la reproduction des premiers, les deux modes de l'hérédité sont en lutte. On ne sait pas quel sera l'atavisme qui l'emportera, de celui de la ligne paternelle ou de celui de la ligne maternelle ; mais à coup sûr l'hérédité individuelle, c'est-à-dire celle des caractères résultant de la fusion des deux lignes, à divers degrés, sera vaincue. L'un des types spécifiques de race reprendra certainement ses droits.

Ces notions scientifiques sur la race et sur ses caractères rencontrent encore, de la part des partisans de la tradition empirique, une assez vive opposition. Mais pour assurer leur triomphe définitif, il suffit qu'elles soient conformes à l'observation exacte, qu'elles soient confirmées par les faits bien observés. Elles ruinent les préceptes enseignés depuis longtemps avec si peu de fruit, pour les remplacer par des méthodes zootechniques et plus précises et plus nettes, dont elles sont la base fondamentale. Elles tendent à substituer l'autorité de la science à l'autorité des personnes. Voilà pourquoi elles sont contredites. Nonobstant, elles ont déjà fait la plus grande partie de leur chemin.

Donc la race est en zoologie une catégorie naturelle, manifestée extérieurement par des caractères spécifiques ou typiques, indiqués au commencement du présent volume, pour ce qui concerne les moutons. C'est en prenant pour base ces caractères que nous allons essayer de déterminer les races de l'Europe occidentale, dont l'exploitation doit nous occuper.

Races de moutons de l'Europe occidentale. Si l'on s'en rapportait aux habitudes empiriques, le nombre des races de moutons serait tel, pour l'étendue de notre globe considérée, qu'il ne faudrait point songer à faire entrer leur description dans l'espace dont nous pouvons disposer ici. Les bases de caractéristique admises sont si peu déterminées ou définies, elles sont si arbitraires, pour mieux dire, que ce nombre n'a en vérité pas de limites. L'amour-propre ou la vanité des éleveurs aidant, on a vu éclore, dans ces derniers temps, à chaque instant, des races nouvelles, ou plutôt de nouvelles désignations. En outre de l'amour-propre, il y avait bien aussi une autre préoccupation, qu'il nous sera permis d'appeler de son vrai nom. Il a été donné aux observateurs de voir que la prétention de former souche de race nouvelle n'était pas toujours une mauvaise spéculation. Le commerce des béliers recherchés est un commerce lucratif.

Lorsque l'intérêt public est en cela d'accord avec l'intérêt privé, il n'y a rien de plus légitime et même de plus louable. Il n'est pas du reste dans notre pensée d'incriminer à cet égard les intentions. Il nous plaît d'admettre, dans tous les cas, l'entière bonne foi. Nous ne discutons que sur les principes, et nous voulons seulement servir la vérité scientifique.

Cette vérité est ici qu'en se fondant sur la caractéristique réelle des races, on est obligé de reconnaître qu'en Europe le nombre en est très-petit. Certaines de leurs tribus, ou même seulement de leurs familles, ont subi dans divers états des améliorations zootechniques qui les distinguent des autres de la même race par leurs caractères secondaires, et qui leur ont fait donner des noms particuliers. L'erreur commune est de les considérer comme autant de races différentes, et d'obscurcir ainsi les principes très-clairs qui doivent présider à leur reproduction, de confondre à la fois les méthodes et les procédés, et d'enlever à l'industrie zootechnique le cachet de certitude sans lequel les bénéfices de ses opérations sont abandonnés au pur hasard de l'empirisme.

Il serait superflu sans doute d'insister sur l'avantage qu'il y a toujours, en industrie, de pouvoir déterminer et calculer d'avance toutes les conditions de la production, de pouvoir disposer à son gré de tous ses éléments. C'est à cet avantage que conduisent les principes zootechniques déduits avec certitude de l'observation, et en particulier celui de la détermination exacte des races, qui est la base indispensable des opérations de reproduction.

Nous ne pouvons pas songer à décrire ici, sous tous les rapports, les races de moutons. On en trouvera la description détaillée, avec leur historique, dans notre ouvrage complet de *Zootechnie* (1). Nous devons nous borner à l'indication de leurs types spécifiques, afin de guider les éleveurs dans leur détermination, à l'aide des bases de caractéristique exposées dans le premier chapitre du présent volume. Nous mentionnerons sommairement leurs caractères secondaires ou zootechniques, et nous ferons connaître les degrés de perfectionnement auxquels ils sont parvenus sur certains points de l'Europe.

La plupart des races de moutons sont en effet communes à toutes les nations de l'Europe occidentale. C'est une habitude à laquelle il faut renoncer, celle de parler de races anglaises, françaises, allemandes, etc. Pour les animaux, du moins, la race ne se confond point avec la nationalité. Le mieux serait donc de désigner chaque type répandu chez les divers peuples européens, par un nom spécifique n'en impli-

____

(1) Loc. cit., IVe vol., p. 327 et suiv.

quant aucune. Mais en agissant ainsi, dans l'état actuel des connaissances, on aurait trop de chances de n'être pas entendu. Force nous sera, pour ce motif, d'attacher à chaque type la désignation sous laquelle il est le plus connu quant à présent, sauf à y rattacher les autres, en indiquant les pays où ce type se trouve, c'est-à-dire sauf à faire en abrégé son ethnographie.

Jusqu'ici, l'on avait groupé les races de moutons d'après les caractères de leur laine. On sent à merveille ce qu'un tel groupement pouvait laisser à désirer, d'après ce que nous avons dit de l'arbitraire de la classification des laines et des modifications que leurs caractères peuvent d'ailleurs subir. Nous préférerons une classification plus méthodique, par conséquent plus scientifique, tirée de l'un des principaux caractères typiques, et nous les diviserons simplement en brachycéphales et en dolichocéphales.

Ce sont là des expressions qu'il convient de faire entrer dans les habitudes du langage des éleveurs, parce qu'elles correspondent à des idées d'une grande importance pratique, ainsi que nous le verrons de plus en plus.

I. — RACES BRACHYCÉPHALES.

Définition. Rappelons qu'on appelle brachycéphale l'animal dont le crâne a les deux diamètres longitudinal et transversal sensiblement égaux, ce qui s'exprime, à première vue, par la largeur du front. Un mouton brachycéphale a le front large, par rapport à la distance qui sépare ses yeux de sa nuque : je veux dire que ses yeux sont éloignés l'un de l'autre.

La brachycéphalie, ainsi que la dolichocéphalie, est un caractère commun à plusieurs races, comme nous l'avons déjà fait remarquer. C'est ce qui permet de former un premier groupe de tous les individus qui la présentent. Mais en examinant ce groupe, on aperçoit bientôt, entre les sujets qui le composent, des caractères différentiels, tirés des formes osseuses du crâne facial ou de la face. Celles-là sont donc les plus essentiellement typiques, puisqu'elles ne se rencontrent semblables qu'entre les individus issus de la même origine, ou appartenant, en d'autres termes, à la même race.

Ces formes, en effet, ont une puissance d'hérédité infaillible. Si elles sont altérées par un accident individuel de génération croisée ou autre, c'est pour reparaître intactes ultérieurement, en vertu de leur atavisme certain. Elles se sont perpétuées, telles que nous les voyons aujourd'hui, depuis les temps les plus reculés auxquels nos observations puissent remonter. Et ces observations, maintenant, vont jusqu'à un nombre incalculable de siècles, jusqu'à cette époque dite anté-historique, appelée l'âge de la pierre, avant que le genre humain eût découvert l'art de travailler les métaux.

Dans tous les pays qui ont été explorés à ce point de vue, on trouve pour toutes les espèces animales, sans en excepter les espèces humaines, des traces de l'existence simultanée, aux époques les plus anciennes, des deux types crâniens connus. Si l'on admet que l'apparition primitive de chacun de ces types correspond à un centre déterminé de création, il en faut nécessairement conclure à des migrations ultérieures, mais très-anciennes, qui les ont fait répandre partout. Pour certains types, ces migrations nous sont connues : elles ne remontent pas au-delà de la période historique ; pour la plupart, nous les ignorons.

Quoi qu'il en soit, prenant les choses telles qu'elles sont, nous devons décrire sommairement ici les populations ovines comme elles se présentent, en cheminant du Nord vers le Midi, et en nous occupant seulement des pays où ces populations ont une grande importance pratique. Nous tiendrons pour établis les principes scientifiques qui les concernent, en renvoyant pour les détails à notre ouvrage complet de zootechnie.

Type du Dishley. Le premier type dont nous devons nous occuper est celui dont l'illustre Backewell a développé à un si haut degré l'aptitude à la production de la viande, dans sa ferme de Dishley-Grange (comté de Leicester), en Angleterre. L'ensemble des individus de ce type y était connu sous le nom de *race du Leicestershire*. Après le perfectionnement, on leur a donné ceux de *Dishley* et de *New-Leicester*, suivant l'usage vicieux qui consiste à considérer comme

des races nouvelles les groupes d'individus de même type
dont les aptitudes ont été améliorées.

Le type dont il s'agit (grav. 15) se caractérise par un crâne
brachycéphale, fortement bombé, par un front proéminent,
déprimé latéralement, en arrière
de chaque arcade orbitaire très-
saillante; cheville osseuse forte,
aplatie, en spirale très-allongée; la
face, de longueur moyenne, est
large et pointue ou en cône court,
à profil du chanfrein faiblement
curviligne, déprimé entre les orbites, au point de suture des os du
nez avec le frontal; os zygomatique
(ou pommette) saillant; larmier peu
profond; maxillaire inférieur à

Grav. 15. -- Type du Dishley.

branches écartées et coudées à angle droit; trous auditifs
situés bas (oreilles basses) et peu éloignés des orbites.

Le frontal des sujets perfectionnés est dépourvu de cheville osseuse. Les moutons anglais de ce type n'ont pas de
cornes. Le crâne est entièrement chauve jusqu'au delà de la
nuque. La toison est formée de laine droite, grossière et très-
longue, en mèches pointues et pendantes. La taille moyenne
est très-élevée.

Le type du Dishley, avant l'amélioration de son aptitude,
n'était point particulier au comté de Leicester, ni même à
l'Angleterre. Il habitait sous sa forme commune, comme il les
habite encore, tous les pays baignés par la mer du Nord jusqu'à l'embouchure de la Seine, les Flandres, les Pays-Bas, et
il se répandait sur le continent jusqu'à une certaine profondeur. On le trouve tout le long du Rhin, en Bavière, dans le
Wurtemberg et dans le duché de Bade, comme dans les états
de l'Allemagne du Nord qui séparent ces pays du littoral. Il
y présente cette particularité que la face est le plus souvent
marquée de taches noires, dont Backewell s'est appliqué sans
doute à le débarrasser en Angleterre, par l'attentive sélection
à laquelle il l'a soumis. Bon nombre des moutons allemands
qui franchissent notre frontière pour l'approvisionnement de
Paris appartiennent à ce type dans son état de pureté. A l'é-

tat d'amélioration, sous son nom de Dishley ou de New-Leicester, il a en outre, depuis un siècle, rayonné d'Angleterre dans tous les autres pays, principalement pour y être employé à des croisements, ou du moins à ce qu'on croyait en être.

Type du New-Kent. Ce type est très-voisin du précédent; il n'en diffère que par des caractères d'une faible importance. Sa réputation s'est faite de même en Angleterre, d'où son nom est tiré, mais il se trouve, lui aussi, implanté de temps immémorial sur beaucoup d'autres points des régions de l'Europe baignées par la mer du Nord; toutefois, il ne paraît pas s'éloigner autant du littoral. C'est un mouton de pays humides ou de marécages. Il habite particulièrement les parties basses des comtés de Kent et de Sussex, dites Romney-Marsh, et les polders de la Hollande. C'est pour cela que sa race est connue dans ce dernier pays sous le nom de *race des polders*, et en Angleterre autant sous celui de *race de Romney-Marsh* que par la désignation du comté.

Le type du new-kent (grav. 16) ne diffère de celui du dishley que par la forme du front, qui est arrondie, sans saillie des arcades surcillières, ni dépression en arrière de ces arcades, comme dans le crâne du dishley. Bien que tout le reste soit semblable, cela suffit pour donner au new-kent une physionomie qui ne permet pas de le confondre avec son voisin.

Grav. 16. — Type du New-Kent.

Au point de vue zootechnique, il y a en outre des différences de tempérament et de conformation générale, qui tiennent aux conditions d'habitat; mais nous n'avons pas à nous en occuper en ce moment, parce que nous nous appliquons seulement à distinguer les types naturels, pour fournir des bases scientifiques à nos études ultérieures.

Type du Southdown. Le type des dunes du sud de l'Angleterre, qui en porte le nom, paraît originaire du nord-ouest de l'Europe. On ne le retrouve ailleurs en vérité, c'est-à-dire sur le continent, en dehors du littoral breton, que depuis son introduction, dans le courant de notre siècle, à titre d'agent améliorateur des populations ovines. Il est, en effet, considéré comme l'espèce la plus perfectionnée que nous ayons, au point de vue de la production de la viande.

En Angleterre, le type dont il s'agit est connu sous différents noms, tirés des comtés qu'il habite, et où il se présente dans des conditions de taille et de développement qui varient. Les croyances fautives sur la notion de race en ont fait faire abusivement, là comme partout ailleurs, autant de races distinctes, sous les noms de *hampshiredown*, de *norfolkdown*, d'*oxfordshiredown*, de *shropshire*, de *westdown*. La réalité est que toutes ces tribus sont du même type que celui du *southdown* proprement dit, et par conséquent de la même race.

Ce type (grav. 17) est des plus faciles à distinguer. Son crâne est le plus brachycéphale connu ; il est faiblement bombé et sans dépression. Le frontal, large et plat, porte, chez les rares sujets incultes, des chevilles osseuses petites, aplaties et contournées en spirale très-courte : il en est maintenant généralement dépourvu ; les arcades orbitaires, rapprochées des trous auditifs, sont saillantes ; la face, large, épaisse et très-courte, conique, est à profil droit ; la ligne des os du nez se

Grav. 17. — Type du Southdown.

continue sans inflexion avec celle du frontal : il n'y a pas d'angle facial ; os zygomatique saillant ; larmier petit, sans dépression du lacrymal ; maxillaire inférieur à branches très-écartées, coudées à angle droit ; arcade incisive petite.

Ces dispositions donnent à la tête du southdown une physionomie caractéristique, à laquelle s'ajoute en outre une coloration, toujours d'un gris ardoisé plus ou moins foncé, de la peau et des poils de la région. Elle est courte, large en haut, aux oreilles petites, implantées haut et dressées, au museau pointu et aux joues fortes. Souvent chauve, elle est quelquefois encadrée de laine jusqu'au front et aux joues. La toison, courte, frisée et plus ou moins tassée, s'arrête vers la moitié des pattes, qui sont, comme la tête, de nuance foncée.

Les bêtes du type southdown sont naturellement de petite taille, énergiques, agiles et rustiques. L'amélioration zootechnique très-avancée qu'elles ont subie n'a pu qu'en partie les priver de ces qualités, ce qui fait qu'elles peuvent encore s'accommoder de conditions dans lesquelles les autres moutons anglais améliorés ne pourraient point subsister.

Type du Limousin. Ceci est un type essentiellement français, quant à présent ; du moins nous n'avons pas eu l'occasion de constater son existence ailleurs que dans notre pays. Peut-être que des études ultérieures le feront découvrir sur d'autres points de l'Europe centrale, à la latitude qu'il habite. On le rencontre chez nous sur une zone qui s'étend de l'est à l'ouest, depuis les Cévennes jusqu'au littoral de l'Océan, sur cette ramification de la chaîne, appelée plateau central par les géologues, et qui commence aux monts d'Auvergne, pour aller finir, en s'abaissant progressivement, au plateau de Gatine. C'est le renflement qui sépare le bassin géographique de la Loire de celui de la Garonne.

Le type, qu'on appelle encore *marchois*, tire ses noms divers de ceux des anciennes provinces au sol granitique qu'il habite de temps immémorial, et où il a mené jusqu'à ces dernières années une vie assez misérable.

Il est caractérisé (grav. 18) surtout, parmi les races brachicéphales, par son angle facial très-accusé, c'est-à-dire par le mode d'union de ses os propres du nez avec le frontal. Celui-ci, fortement bombé et se continuant avec les lignes du crâne, sans saillie des arcades orbitaires, est pourvu, chez le mâle seulement, de chevilles osseuses relativement fortes, aplaties et contournées en spirale courte. Les trous auditifs, rapprochés des orbites, paraissent

Grav. 18. — Type du Limousin.

percés bas. Au niveau des orbites, la ligne du profil forme un angle obtus et se continue ensuite droite jusqu'à l'extrémité du chanfrein, qui est mince, étroit, et donne à la face courte une forme pyramidale. L'os zygomatique est presque effacé ; le larmier est presque imperceptible, et le lacrymal sans dépression. Le maxillaire inférieur, à branches écar-

tées et coudées à angle droit, a son arcade incisive très-
petite.

La tête de l'animal du type dont il s'agit est petite, pointue,
à face mince, toujours chauve, et souvent marquée de taches
brunes plus ou moins foncées. La toison est grossière, au
moins commune, peu tassée, mais frisée en mèches pointues
et peu pourvue de suint.

Ce qui tendrait à prouver que ce type n'est point originaire
de son principal centre actuel d'habitation, c'est qu'on lui voit
acquérir un développement de plus en plus considérable, à
mesure qu'on s'en éloigne pour aller du côté de la région plus
fertile du littoral. De taille très-petite, en effet, et d'un poids
vif très-faible, sur les sols granitiques du plateau central, il
devient de taille moyenne et d'un poids assez fort sur les terrains calcaires du Poitou et de la Saintonge, où il est mêlé à
la population en proportion assez forte. L'exiguité de son développement, dans la Marche et dans le Limousin, doit tenir
à ce qu'il s'y est amoindri dans les temps reculés, pour s'accommoder au milieu. Ce ne serait point le seul cas de ce
genre qu'on eût observé en histoire naturelle des animaux
domestiques, et je suis porté à penser, pour ma part, que si
les races peuvent évidemment, avec le temps et certaines autres conditions d'habitat, perdre de leur taille initiale, elles
ne sauraient gagner sur celle-ci. Les observations qui semblent contraires ne peuvent probablement attester que des
retours à un état naturel antérieur. Il me semble que chaque
type naturel a sous ce rapport des limites qu'il ne saurait
dépasser.

Mais nous ne pouvons toucher ici à ce sujet qu'en passant.
Ce n'est pas le lieu de l'approfondir.

Type barbaresque. Parmi les types brachycéphales,
celui dont nous allons parler est le plus méridional de l'Europe. Il est commun à cette contrée et au nord de l'Afrique,
où il nous intéresse surtout, bien qu'il se rencontre aussi en
France sur le littoral de la Méditerranée. On connaît les moutons qui le présentent sous le nom de barbarins, et leur race
sous celui de *race barbarine*. Ils sont très-répandus dans les
troupeaux de notre colonie algérienne.

Indépendamment de leurs caractères typiques, les moutons

barbarins offrent une particularité qui a surtout attiré l'attention des naturalistes, et qui les a décidés, avec leur notion incertaine et arbitraire de l'espèce zoologique, à en faire une espèce particulière dans le genre *Ovis*. Ces moutons portent, de chaque côté de la queue, un fort coussinet graisseux aplati. De là le nom de mouton à large queue (*O. lati cauda*) donné à l'espèce, qu'on appelle encore mouton de Syrie.

Ce type, en effet, habitait dès la plus haute antiquité le pays des Hébreux. C'est lui que les pasteurs de la Bible gardaient dans leurs troupeaux. On le trouve seul représenté sur les monuments du peuple juif, à ne pouvoir s'y méprendre. L'agneau pascal lui appartenait bien évidemment.

Voici ses caractères (grav. 19) : crâne très-court ; front large et saillant ; cheville osseuse implantée presque horizontalement, courbée en arrière, puis contournée en hélice très-allongée sur le côté ; arcades orbitaires saillantes ; trous auditifs rapprochés des orbites ; face longue à profil déprimé entre les orbites, puis busqué plus ou moins fortement jusqu'à l'extrémité du chanfrein qui est épais ; os zygomatique saillant ; larmier peu profond, sans dépression du lacrymal ; maxillaire inférieur à branches écartées, coudées à angle droit, à arcade incisive grande.

Grav. 19. — Type barbaresque.
(Mouton de Syrie.)

La tête du mouton barbaresque est forte, pourvue de laine à son sommet, et souvent marquée à la face de taches noires ; ses oreilles, longues et larges, sont souvent pendantes et au moins horizontales. La toison, en mèches longues et pendantes, est grossière et faiblement ondulée. Les bêtes du type sont généralement de forte taille, au squelette volumineux. Leur conformation est le plus souvent défectueuse.

II. — RACES DOLICHOCÉPHALES.

Définition. Nous rangeons dans le présent groupe tous les types ayant le diamètre longitudinal du crâne cérébral plus grand que le diamètre transversal. Quelle que soit la forme de la face, ils ont le front relativement étroit, et les orbites, plus rapprochés entre eux que dans les types brachycéphales, sont plus éloignés des trous auditifs.

C'est dans le groupe des dolichocéphales que se trouve le type le plus précieux, à notre avis, parmi toutes les races ovines, celui qui est le plus répandu et dont les aptitudes sont les plus avantageuses pour l'économie rurale. Nous avons nommé par là le type du mérinos.

Nous allons procéder, comme précédemment, du nord au midi, pour décrire sommairement les principaux.

Type de Cotteswold. Les collines du Glocestershire, en Angleterre, où règne le système pastoral sous un rude climat, sont habitées par des moutons, que l'on abrite en hiver à l'aide de cabanes réunies en une sorte de camp. C'est de là qu'ils ont reçu le nom sous lequel ils sont connus.

Si le type (grav. 20) auquel ils appartiennent se rencontre

Grav. 10. — Type du Cotteswold.

ailleurs que dans les Îles-Britanniques, autrement que pour y avoir été transporté dans ces derniers temps, lors de la vogue acquise par les races anglaises, c'est ce que nous ne savons pas. Toujours est-il que nous ne l'avons rencontré nulle part beaucoup répandu, dans les pays que nous avons pu explorer. On est porté, d'après cela, à le considérer comme autochtone en Angleterre.

Quoi qu'il en soit, il se distingue par les caractères suivants : crâne dolichocéphale à sommet saillant; frontal court et fortement arqué, dont la cheville osseuse nous est inconnue, cette cheville ayant disparu chez tous les sujets perfectionnés que nous avons vus; front étroit et comprimé d'un côté à l'autre ; arcades orbitaires effacées; face longue, épaisse, en cône allongé, presque aussi large à la partie inférieure qu'à la partie supérieure; profil arqué depuis le sommet du crâne jusqu'au bout du nez, sans aucune inflexion au niveau des orbites, les os du nez se continuant avec le frontal sur un même plan curviligne, et aussi avec le maxillaire supérieur; os zygomatique saillant ; larmier peu profond, le lacrymal faisant saillie ; maxillaire inférieur à branches peu écartées, coudées à angle obtus, à arcade incisive grande.

La tête du cotteswold, avec son gros museau mousse et sa grande bouche, lui donne une physionomie peu intelligente. Le crâne porte une sorte de toupet laineux, qui s'avance en pointe jusque sur le front. Les oreilles, larges et plantées bas, sont tombantes. La toison, abondante et d'une blancheur éclatante, telle qu'il n'y en a guère d'autre semblable, est en mèches pointues et bouclées. La taille est très-élevée. En raison de sa rusticité relative et des qualités de sa laine, le type du cotteswold est un des plus répandus en Angleterre. Il peuple la plupart des fermes des comtés de Wit, d'Hereford, d'Oxford, de Buckingham, de Worcester, de Glamorgan, de Norfolk, de Kent, de Sommerset, etc.

Type du mérinos ou mérino. L'histoire de l'introduction du mouton par excellence, du mouton à laine fine et si estimée, dans les états de l'Europe tempérée où nous le rencontrons maintenant, est une histoire presque contemporaine. Nous l'avons écrite, après bien d'autres, sur des documents certains (1), et ce ne serait pas le lieu de la recommencer ici. Nous n'en retiendrons que ce qui peut fournir des enseignements immédiatement pratiques, sur la manière dont se propagent les améliorations dans les troupeaux.

A ne considérer que cette histoire, le type dont nous avons à nous occuper semblerait originaire d'Espagne, car c'est de là, en effet, que la France et l'Allemagne l'ont tiré, en conservant même à quelques-unes des familles qu'elles ont élevées, surtout en Allemagne, les noms des personnages qui en avaient fourni les souches, ou ceux des résidences d'où elles étaient tirées. C'est ainsi que se sont répandues les dénominations de *Negretti*, d'*Escurial*, d'*Infantado*, de l'autre côté du Rhin. En France, on a été moins scrupuleux, on s'est tout approprié, en les prenant pour des ancêtres à *Rambouillet* et à *Naz*, ainsi qu'en Bourgogne.

A vrai dire, la prétention est légitime, car si les Espagnols nous ont livré le précieux animal tel qu'ils l'avaient évidem-

(1) Voy. A. SANSON. *Zootechnie*, IVe vol., p. 382 et suiv.

ment reçu des Maures venus d'Afrique, et tel qu'ils l'entretenaient, comme à présent, au régime de leurs pâturages d'hiver et d'été, au régime de la *transhumance*, en un mot, d'où il tire son nom chez eux (*mérino*, errant, en espagnol), nos éleveurs l'ont singulièrement transformé, ainsi que nous le verrons. Cela peut passer pour une véritable création industrielle. Et la France peut encore revendiquer à juste titre l'honneur de ses derniers perfectionnements, qui l'ont fait arriver à la hauteur des circonstances nouvelles amenées par les progrès de la société. Cet honneur, du reste, ne lui est point contesté.

Le type du mérinos habite présentement en Europe, en dehors de l'Espagne, de vastes régions, que nous allons essayer de délimiter. On sait qu'il a été introduit, en ces derniers temps, au sud de l'Afrique, en Amérique et surtout en Océanie, où ses populations conquièrent chaque année de nouveaux terrains, au bénéfice de l'humanité, comme je l'ai fait remarquer ailleurs.

Dans l'Europe occidentale, il n'a pas pu s'étendre au-delà d'une certaine longitude, voisine du littoral océanien. Là, le climat ne lui est pas propice. Toutes les tentatives qu'on a faites pour l'y implanter ont échoué, et je crois avoir été le premier à en déterminer le motif.

On avait cru trouver un rapport entre les besoins de sa constitution et la nature des formations géologiques. Le mérinos, disait-on, ne prospère que sur les terrrains calcaires. Une analyse plus attentive du problème a montré, d'une part, des étendues de terrain, non calcaires, où le mérinos vit très-bien, et d'autres, calcaires, où il n'a jamais pu se maintenir. Le plus grand nombre de celles où il est exploité en France appartiennent en réalité à l'époque tertiaire du globe ; mais, indépendamment de la contre-preuve qui vient d'être fournie, cela n'a plus aucune signification, dès qu'on songe que c'est là le cas de la presque totalité de l'étendue de notre pays.

Le fait constant, seulement, est que, quelle que soit la constitution géologique, le mérinos disparaît à dater du moment où l'on entre dans la zone du climat océanien, dont les caractères météorologiques pourraient être maintenant précisés, avec les documents que nous possédons, grâce à l'As-

sociation scientifique de France et au service météorologique
de l'Observatoire impérial.

Du côté de l'Ouest, il ne dépasse guère chez nous les limites des départements de l'Eure, de Maine-et-Loire et de la
Vienne, dans la zone du Nord. Dans celle du Midi, le premier Empire avait établi une bergerie de l'État à Mont-de-
Marsan, dans les Landes, au mépris de l'influence dont nous
parlons. La volonté omnipotente du conquérant qui faisait
trembler l'Europe s'y est brisée.

Vers l'Est, il s'étend jusqu'au sud de la Hongrie, depuis les
limites orientales de la Prusse.

Ces considérations ont une importance capitale, dont on ne
s'est jamais assez préoccupé, en dissertant sur les conditions
de l'amélioration du bétail. Nous aurons à y revenir. Quant
à présent, bornons-nous à l'indication des caractères typiques
du mérinos. Ces caractères sont très-tranchés, à ce point
que je me ferais fort, pour mon compte, ainsi que je l'ai dit
en une certaine occasion, de distinguer entre mille autres un
seul crâne du type mérinos.

Ce type (grav. 21), dont la dolichocéphalie est très-pro-
noncée, a la voûte crânienne fortement arquée d'arrière en
avant ; le frontal, saillant
au milieu, est pourvu de
chevilles osseuses fortes,
larges à leur base triangulaire, creusées d'un sillon
longitudinal profond à leur
face supérieure, qui est la
base du triangle, et con-
tournées en spirale plus
ou moins serrée (ces che-
villes ont disparu chez les
sujets perfectionnés au
point de vue de la production de la viande) ; les ar-

Grav. 21. Type du mérinos.

cades orbitaires sont peu saillantes; la face, de moyenne longueur, est épaisse, à profil arqué vers le milieu de l'étendue
des os du nez : ceux-ci, relativement courts, se joignent au
frontal, entre les orbites, suivant un angle rentrant obtus : ils

sont larges, incurvés d'un côté à l'autre et réunis sur la ligne médiane suivant un angle un peu saillant, ce qui donne une grande distance entre les arcades dentaires et la ligne du profil ; l'orbite, éloigné du trou auditif et aussi de cette ligne du profil, est grand ; l'os zygomatique est peu saillant ; le larmier profond, sans dépression du lacrymal ; le maxillaire inférieur, à branches peu écartées, fortes et courbées, coudées à angle obtus, a son arcade incisive grande.

La tête du mérinos, plus ou moins volumineuse relativement à sa taille, suivant la variété à laquelle il appartient et suivant le mode de culture auquel il a été soumis, est toujours pourvue de laine, au moins sur le crâne ; cette laine s'étend le plus souvent sur les joues, sur le front, de manière à couvrir les yeux, et parfois même jusque sur le bout du nez ; chez les mâles, la peau du chanfrein présente ordinairement des plis transversaux ou des rides, et à partir du menton, sous la gorge, un pli longitudinal plus ou moins pendant, appelé fanon, qui s'étend le long du cou, jusqu'entre les membres antérieurs. Les cornes, quand elles existent (ce qui est le plus ordinaire), portent des sillons transversaux très-rapprochés, et se terminent en pointe mousse et aplatie, après avoir formé au moins deux tours de spirale, embrassant l'oreille, qui est implantée bas, large et pendante. Les spires sont parfois tellement serrées de chaque côté de la tête, que la face se trouve comprimée entre les deux cornes.

La toison, toujours formée de filaments fins et très-nombreux, à inflexions très-rapprochées, d'une longueur variable, en mèches volumineuses et plus ou moins tassées, imprégnées d'un suint onctueux, recouvre parfois toute la surface du corps et va jusqu'aux pieds. C'est par là du reste que les mérinos varient le plus et que leurs variétés, dont nous aurons à nous occuper plus loin, sont distinguées.

Une forme particulière de laine, seulement ondulée et soyeuse, s'y est produite et a été multipliée avec soin, à cause de ses qualités spéciales.

Toutes ces variétés de la toison, qui se présentent dans les divers pays qu'habite le type du mérinos, tandis que ses caractères typiques restent invariables, prouvent bien que les formes de la laine n'ont aucune importance pour la caractéristique des types naturels du genre *Ovis*.

Type du berrichon-solognot. Au milieu de la région des mérinos français, c'est-à-dire sur le versant méridional du plateau de l'Orléanais, jusque dans les vallées de la Loire et de ses affluents, dont plusieurs ont été longtemps réputées pour leur insalubrité, notamment la Sologne et la Brenne, subsiste un type spécifique qui a joui longtemps d'une grande réputation. Le pays qu'il habite semble en effet la terre promise des moutons, qui, dans ce pays, seront toujours, vraisemblablement, le bétail privilégié des exploitations rurales. La Sologne et le Berri sont voués aux moutons, ainsi que toute la partie centrale du bassin de la Loire.

On a coutume d'y distinguer deux races au moins, sans compter celles auxquelles on a donné des noms locaux, dans la Nièvre et ailleurs. La vérité est que les raisons alléguées, pour établir les distinctions, si mauvaises qu'elles fussent, n'existent même pas. Ce sont des raisons de taille, de développement, et surtout de coloration de la face et des membres, qui se rencontrent également partout, ainsi que je l'ai établi surabondamment ailleurs.

Mais ce qui serait intéressant à savoir, c'est si le type dont nous parlons se retrouve ailleurs qu'en France, à la même latitude. Je l'ignore encore, pour mon compte. Les journées ne sont pas assez longues pour que l'on puisse tout étudier en même temps.

Le type auquel nous donnons ici le nom de berrichon-solognot, d'après ses deux principaux points d'habitation, est en train de disparaître, enserré qu'il est de plus en plus entre le mérinos et le southdown, lesquels lui disputent le terrain depuis le commencement du siècle, en cherchant à l'absorber par le croisement. L'instant est à cet égard décisif. Il s'agit de savoir qui l'emportera du mérinos ou du southdown. Quant au berrichon-solognot, son existence n'est que l'enjeu de la partie. Les chances semblent tourner désormais en faveur de l'anglais ; mais il n'est pas impossible que l'autre reprenne faveur. Je suis bien décidé, pour ma part, à l'y aider de tout mon pouvoir, en mettant ses mérites en évidence.

En attendant la solution, voici les caractères distinctifs du

type indigène (grav. 22) : crâne divisé longitudinalement par
un sillon médian, qui se prolonge jusque sur le frontal, entre
les deux arcades orbitaires peu saillantes, se continuant avec
la voûte crânienne allongée et arrondie d'un côté à l'autre,
sans aucune dépression ; front
étroit, à bosses latérales, presque
toujours dépourvu de cheville osseuse ; face longue, étroite, à chanfrein tranchant, dont le profil droit
et se continuant sans inflexion avec
celui du front est à peine curviligne à l'extrémité des os du nez ;
os zygomatique saillant et étroit ;
larmier profond, avec dépression
du lacrymal ; maxillaire inférieur à
branches rapprochées, coudées à angle obtus et à arcade incisive petite.

Grav. 22. — Type du Berri
et de la Sologne.

La tête, chauve jusqu'à la nuque exclusivement, est longue, pointue, et relativement fine, avec une bouche petite et
un museau effilé. Le plus souvent elle est marquée de taches
brunes ou rousses, petites et rares chez les moutons du
Berri, larges et embrassant même toute son étendue, ainsi
que celle des pattes, chez ceux de la Sologne, où ces taches
sont à tort considérées comme caractéristiques de la race. La
toison, formée de laine commune frisée, en mèches pointues,
s'étend sur tout le corps jusque vers la moitié des jambes. La
taille varie beaucoup, suivant la fertilité des lieux d'habitation, mais elle ne dépasse jamais la moyenne de celle des espèces ovines. Le plus communément elle est petite.

Les moutons du Berri et de la Sologne sont réputés pour
l'excellent goût de leur chair.

Type du Poitou. Encore un type qui paraît confiné
dans une région incomparablement moins étendue que la
précédente, mais qui en occupe, lui, toute la superficie, sauf
le mélange, dans les troupeaux, avec quelques individus appartenant au type du Limousin déjà décrit.

Cette région comprend les départements français de la
Vendée, de la Vienne, de la Charente-Inférieure, et quelque
peu aussi, sur ses confins, ceux de la Loire-Inférieure et de

Maine-et-Loire au nord, de la Gironde et de la Charente au sud. Elle est bornée à l'ouest par la mer. Très-riche en fourrages et par conséquent en bétail, la propriété y a atteint les dernières limites de sa division possible; aussi les troupeaux y sont-ils en général peu nombreux comme effectif. On s'y livre particulièrement à l'engraissement pour le marché de Paris, sans un souci suffisant d'améliorer l'espèce, dont l'aptitude cependant à la production de la viande pourrait être facilement et grandement perfectionnée.

Le type du Poitou (grav. 23) est caractérisé par la petitesse de son crâne dolichocéphale, fortement déprimé en arrière des arcades orbitaires très-saillantes et éloignées des trous auditifs; par un frontal étroit et proéminent, à cheville osseuse petite, implantée perpendiculairement et arquée en arrière; par une face longue, étroite, à chanfrein tranchant, dont le profil, rentrant au niveau des orbites, se relève ensuite en une courbe à court rayon, jusqu'à l'extrémité des os du nez; l'os zygo-

Grav. 23. — Type du Poitou.

matique est saillant et étroit; le larmier est profond, et la portion faciale du lacrymal déprimée; le maxillaire inférieur, à branches écartées obliquement et arquées, se coude à angle obtus, et il a l'arcade incisive petite.

La grosse tête du mouton poitevin, entièrement chauve, aux oreilles plantées bas et dressées, presque tout en face, a la physionomie stupide. La toison, absente sur la plus grande partie d'un col long, ne descend qu'exceptionnellement au-delà de la moitié de la hauteur du corps; les parois latérales et inférieures du ventre, ainsi que les membres, en sont dépourvues; elle est formée de laine frisée très-commune. Les membres, longs et forts, sont très-agiles. Le grand mouton poitevin semble taillé pour la course, et il est bon marcheur. C'est un mouton de parcours sur des terrains calcaires, qui est beaucoup trop osseux et dont la chair sent trop souvent le suint. Il a cependant une propension à l'engraissement facile.

Type des Pyrénées. Ici nous entrons en pleine his-

toire ethnogénique, et nous nous trouvons en face de ce fait
curieux, mais non point difficile à prévoir, d'une concordance parfaite entre les migrations des populations humaines
et celles de leurs animaux domestiques, aux premiers temps
des sociétés. Cette concordance dérive d'une loi si sûre, que
de l'origine des types humains, on peut, sans crainte de se
tromper, déduire celle des types animaux, et réciproque-
ment. Les populations du midi de l'Europe en fournissent
une preuve éclatante, sur laquelle nous n'insisterons point
ici, pour ne pas sortir de notre cadre, mais qu'il est bon cependant de signaler en passant. Je l'ai fait ressortir ailleurs à
propos du type des cochons (1). Elle est tout aussi évidente
pour celui des moutons.

Le type des Pyrénées, qui occupe chez nous les bassins
géographiques de l'Adour et de la Garonne, jusqu'au cours
du Lot, en remontant vers l'est jusque sur les plateaux des
Cévennes, se retrouve dans toutes les régions méridionales
de l'Europe peuplées par la race humaine des Ibères, en Espagne, en Italie, en Grèce, et dans le bassin du Danube, de
l'autre côté des Alpes. En ces divers pays, sa race a reçu une
multitude de dénominations locales, suivant l'usage; mais
sous des noms si variés, dont les plus connus en France sont
ceux des prétendues races du Larzac, du Lauragais, des

Grav. 24. — Type des Pyrénées.

Landes, de la Gascogne, de l'Ariège,
du Dauphiné, etc., etc., dont le détail
deviendrait trop long s'il fallait les
suivre partout hors de notre pays,
c'est toujours le même type spécifique
de race qui se rencontre.

Ce type (grav. 24) est facile à reconnaître. Il a le crâne petit et fortement
dolichocéphale; le frontal, court et
très-arqué d'un côté à l'autre, porte
des arcades orbitaires très-saillantes;
ses chevilles osseuses, implantées bas,
sont dirigées obliquement sur le côté et faiblement arquées,
leur pointe se dirigeant vers la face; elles sont peu anguleuses

(1) Voy. A. SANSON. Zootechnie, IVe vol., p. 521.

et d'une épaisseur moyenne. La face longue, tranchante, a le profil arqué depuis le sommet du front jusqu'à l'extrémité des os du nez. L'os zygomatique est large et peu saillant, le larmier peu profond, sans dépression de la portion faciale du lacrymal. Le maxillaire inférieur, à branches fortes et écartées, et coudées à angle obtus, a l'arcade incisive grande.

Le mouton ibère ou béarnais a la physionomie peu intelligente des têtes busquées, avec ses oreilles basses et éloignées des yeux. Son crâne est pourvu de laine jusque sur le front. Sa face est le plus souvent marquée de taches brunes ou rousses ; mais la toison, formée de laine commune, même grossière et dure, est parfois d'une blancheur éclatante, en mèches pointues et bouclées; elle recouvre tout le corps jusqu'au niveau des articulations du jarret et du genou. La taille varie suivant la fertilité du sol; elle est communément au-dessus de la moyenne. Les membres, de moyenne grosseur, sont très-agiles et marqués, comme la tête, de taches brunes le plus souvent.

III. — MÉTIS.

Remarque. Dans la description qui précède des types spécifiques naturels brachycéphales et dolichocéphales des races ovines, nous n'avons tenu aucun compte des nombreux métis qui se produisent accidentellement partout, non plus que de ceux qui sont créés par les éleveurs avec une intention zootechnique déterminée. Les premiers n'ont aucun intérêt pratique direct pour nous; les seconds seront étudiés plus loin, à propos de l'amélioration des aptitudes, lorsque nous nous occuperons d'appliquer les méthodes zootechniques, dont nous sommes obligés par notre cadre de supposer connus les principes fondamentaux, sauf à renvoyer ceux qui pourraient les ignorer à l'ouvrage où nous les avons exposés et démontrés.

Ces métis, quels qu'ils soient et quelque soin qu'on ait pris pour les former, n'ont que des caractères individuels, fort instables et très-précaires, comme tout ce qui lutte contre les lois naturelles. La connaissance des types de leurs ascendants purs, auxquels ils ne manquent point de revenir bientôt, quand ils se reproduisent entre eux, suffit pour les faire déterminer.

Et c'est ainsi que l'ordre se maintient dans les phénomènes naturels, malgré toutes les tentatives faites pour le troubler.

CHAPITRE IV

FONCTIONS ÉCONOMIQUES DES MOUTONS.

Définition. Nous avons donné le nom de fonction économique à chacun des genres de service ou des utilités fonctionnelles que la société humaine peut tirer des animaux domestiques qu'elle exploite. Ce terme scientifique, particulièrement usité dans le langage mathématique, a eu l'avantage de nous permettre de généraliser plus facilement, lorsque nous avons voulu déterminer les principes économiques ou les lois naturelles qui régissent l'exploitation de ces animaux.

La notion de fonction économique est d'ailleurs très-simple et très-facile à saisir. Lorsque les appareils d'organes dont nous avons indiqué les principales dispositions dans un des chapitres précédents fonctionnent seulement pour les besoins de l'individu lui-même, ils accomplissent des actes physiologiques auxquels l'économie sociale n'a rien à voir; leur fin est purement et simplement la perpétuité de l'espèce par sa reproduction indéfinie dans le temps, et sa multiplication dans l'espace, d'après les lois de l'harmonie universelle. Dès que les effets de ces actes sont utilisés au bénéfice de l'économie sociale, pour fournir à la société humaine des éléments de consommation, ils deviennent aussitôt des fonctions économiques; et l'importance de celles-ci, on le comprendra sans peine, est en rapport avec l'étendue des aptitudes dont ces fonctions sont le résultat.

Donc, pour se bien rendre compte de leur portée et pour déterminer d'une manière précise la meilleure direction à leur imprimer, en vue de la plus forte somme d'utilité qui en puisse être retirée, il convient d'abord d'étudier les aptitudes en elles-mêmes, puis les combinaisons les plus avantageuses auxquelles elles sont susceptibles de se plier.

Aptitudes. Les moutons fournissent de la laine, de la viande et du lait. Ce sont là les trois aptitudes que nous exploitons, en considérant l'ensemble des espèces dont il s'agit. Durant leur vie, les bêtes ovines donnent leur toison et le lait des femelles; on les tue à un moment donné pour manger leur chair. Les organes qui produisent ces substances diverses travaillent par conséquent à notre bénéfice. Baudement a eu une très-heureuse idée (ce dont il était coutumier), quand il a comparé l'organisme animal, dans ce cas, aux machines industrielles qui transforment en produits ouvrés les matières premières qu'on leur fournit. Les moutons, en réalité, fabriquent de la laine et de la viande avec les aliments qu'on leur fait consommer. L'art consiste à les leur faire fabriquer aux meilleures conditions possibles, c'est-à-dire au plus bas prix de revient.

Tel est le problème qu'il s'agit d'analyser et qui doit être toujours posé au début de toute entreprise zootechnique, problème dont l'empirisme ne s'est jamais préoccupé que fort accessoirement. Il est très-complexe dans le cas, et il a été diversement résolu en théorie, par suite précisément d'une insuffisance d'analyse de ses données. Une connaissance plus complète du fonctionnement physiologique des organes travailleurs ou des éléments de chacune des aptitudes nous permettra, j'espère, de lui donner une solution plus conforme à ce que l'expérience a maintenant démontré.

Nous mettrons en œuvre pour cela les notions physiologiques qui ont fait l'objet d'un précédent chapitre, et que nous y avons consignées à cette intention. Auparavant, il nous faut poser nos données économiques, comme nous avons posé les données anatomiques et physiologiques. Ce sont les conditions des aptitudes que nous avons à faire fonctionner en vue du résultat énoncé plus haut. En d'autres termes, nous ne pouvons arriver à la solution que nous cherchons qu'après avoir déterminé les conditions économiques de la production de la laine et de la production de la viande, ou la situation qui est faite aux produits par l'état du marché sur lequel ils doivent être écoulés ou vendus.

Sur ce point, nous serons aussi bref que possible; mais l'importance capitale du sujet doit nous faire une obligation d'entrer dans quelques détails. Ce sujet domine toute la zootechnie des moutons. Nous tâcherons d'être à la fois clair et précis, malgré la concision nécessaire, en réclamant toute l'attention du lecteur.

Commençons par la situation du marché des laines; nous nous occuperons ensuite de celle du marché de la viande.

Situation du marché des laines. Les usages du commerce des laines brutes, ou toisons de mouton, ont fait diviser ces marchandises en plusieurs catégories, établies d'après le degré de finesse ou le diamètre du brin, d'après sa longueur moyenne et d'après sa forme.

Quant au diamètre, il y a les *laines grossières*, les *laines communes*, les *laines fines* et les *laines superfines* ou *extra fines*. Entre les communes et les fines (il serait peut-être plus exact de dire entre les fines et les superfines), une nouvelle qualité s'est introduite depuis un certain nombre d'années, qui offre pour nous le plus grand intérêt, ainsi que nous le verrons. Cette nouvelle qualité est celle des *laines intermédiaires*, différant des fines, en réalité moins par le diamètre du brin que par sa longueur.

Sous le rapport de l'étendue longitudinale du filament laineux de la toison, elles sont dites *laines courtes* ou *laines longues*. Suivant leur forme plus ou moins rectiligne ou flexueuse, elles sont qualifiées de *laines droites*, de *laines ondulées* et de *laines frisées*.

Les laines droites sont les plus longues; les laines frisées sont ordinairement les moins longues; il ne serait plus exact de dire qu'elles sont toujours courtes, bien que la qualification de laine courte implique nécessairement celle de laine frisée. Il n'y a point de laine courte qui ne soit frisée; mais la réciproque n'est plus également vraie désormais.

On appelle laine frisée celle dont les filaments présentent, suivant leur longueur, des inflexions plus ou moins rapprochées, qui vont, dans certains cas de laine extra fine, jusqu'à figurer cette succession de brisures à angle droit comme sous le nom de ligne en *zigzag*. Si les inflexions sont rares et forment seulement des courbes allongées, la laine est ondulée ; si elles sont disposées en spirale, à la manière d'un tire-bouchon, il s'agit de *laine vrillée*, qui est la moins estimée de toutes.

On comprend à merveille que les qualifications qui précèdent comportent une multitude de nuances et qu'il ne serait point possible de les déterminer d'une façon précise. Dans la pratique commerciale, cependant, on s'entend fort bien à leur sujet, et cela suffit.

D'après les genres de fabrication auxquels elles se prêtent et les façons qu'elles peuvent subir, les laines ont été distinguées aussi en *laines propres à la carde* et en *laines propres au peigne*, ou plus brièvement *laines de carde* et *laines de peigne*.

Les premières (on l'a saisi sans doute) sont celles qui ne peuvent être filées qu'après avoir été cardées, ou, en d'autres termes, après avoir subi l'opération du feutrage, dans laquelle leurs filaments s'enchevêtrent pour s'étirer ensuite, ainsi réunis, en un fil résistant. C'est le cas de toutes les laines courtes, qui ne peuvent être utilisées que pour la fabrication des draps. Les secondes, peignées comme le chanvre ou le lin, pour en séparer les brins qui n'offrent ni assez de résistance à la traction, ni assez de longueur, sont mises en œuvre pour la fabrication de ces étoffes dont le goût s'est si fort développé parmi nous, et qui portent le nom d'étoffes en laine douce ou de nouveautés. Nous n'avons pas besoin, vraisemblablement, de les définir davantage. On sait fort bien à quel degré de perfectionnement leur fabrication est arrivée, dans les divers centres manufacturiers des deux mondes.

Ces notions préliminaires posées, il devient évident que la valeur des laines, sur le marché européen, dépend d'abord de celle des étoffes à la fabrication desquelles elles sont propres. C'est donc la demande de ces étoffes qui en est le premier élément. Et avant toute chose nous sommes amenés à constater, en consultant par exemple les documents statistiques sur le commerce extérieur de la France, principalement pour la série des années qui ont suivi les traités avec la plupart des puissances européennes, que les tissus de laine ont été demandés dans une progression toujours croissante.

Or, si nous constatons aussi que, pour le même temps, la progression des valeurs exportées en tissus de laine est plus que quintuple de celle des valeurs importées en laines brutes, et que d'un autre côté toutes les laines brutes importées sont des laines courtes, nous sommes obligés de conclure que c'est surtout la demande des tissus de nouveautés qui s'est accrue. C'est ce dont il eût été d'ailleurs facile de se convaincre par le développement qu'ont pris chez nous les centres manufacturiers où s'exécute leur fabrication.

C'est là un premier fait qu'il importe de retenir. Le débouché des laines longues ou laines de peigne tend à se développer, à s'élargir de plus en plus. (Est-il nécessaire de faire remarquer que dans notre analyse du problème économique dont il s'agit, nous laissons de côté désormais les laines grossières et les laines communes, dont la valeur, au reste, se règle nécessairement sur celle des autres qui, seules, doivent nous occuper?)

Ce fait constitue, pour les laines courtes d'Europe, une condition d'infériorité prochaine et même actuelle, qu'une autre circonstance encore plus importante est venue singulièrement aggraver. Je veux parler de la concurrence énorme que leur font, sur le marché européen, les laines coloniales, dont la production va, de son côté, toujours croissant, et dans des conditions de prix de revient contre lesquelles l'agriculture continentale ne saurait lutter.

Il serait superflu de retracer ici l'histoire de l'établissement de cette concurrence. Le lecteur qui, ne la sachant pas, voudrait la connaître, la trouvera tout au long consignée dans un autre de mes ouvrages (1).

Nul n'ignore, parmi ceux qui s'intéressent aux cours des laines brutes, la grande extension prise par les ventes aux enchères de laines coloniales, qui s'ouvrent à des époques fixes, à Liverpool, à Londres, à Hambourg, etc. Nul n'ignore

(1) Voy. A. SANSON. *Zootechnie*, IIe vol., *Principes généraux*, p. 46, et surtout IVe vol., *Applications*, p. 389.

non plus qu'il s'agit là de laines de mérinos nourris en troupes qui se comptent par millions, dans les vastes pâturages de l'Océanie et dans ceux du Cap, de la Plata, etc. Tout le monde a entendu parler des laines d'Australie. L'Exposition universelle de 1867, à Paris, qui réunissait des échantillons des laines du monde entier, a pu donner à ceux qui ont pris la peine d'étudier là cette question une idée de la place qu'ont prise, sur le marché européen, ces laines appelées coloniales, parce qu'elles nous arrivent par la voie de mer.

Que le fait constaté ait été un bien ou un mal, en égard à la production continentale, c'est ce que nous ne nous arrêterons point à examiner. Nous n'envisagerons pas davantage la question de savoir si, au cas où la concurrence aurait été préjudiciable aux producteurs du continent, les gouvernements auraient bien fait, comme on le leur a si souvent conseillé, de prohiber l'entrée de leurs pays à ces laines coloniales. Cette solution radicale, qui est la plus simple, se présente toujours la première à l'esprit de ceux qui ne jugent point nécessaire d'étudier les phénomènes économiques. Chacun veut être encouragé et protégé contre la concurrence. Il ne voit pas au-delà.

On ne peut cependant se dispenser de remarquer que l'entrée en franchise des laines brutes en France a plutôt été suivie, en définitive, d'une hausse que d'une baisse, dans le prix des laines indigènes. C'est que le commerce des tissus y a pris la grande extension dont nous avons déjà parlé, et que la demande des laines a dû nécessairement suivre la même progression. A cela les empiriques de la protection ne manqueront point de répondre que la hausse eût été plus forte, si les toisons indigènes n'avaient pas eu à subir la concurrence des toisons coloniales. Mais il sera bon de leur faire observer qu'ils raisonnent comme si l'accroissement de la demande n'avait pas pour cause principale le développement des échanges internationaux, et de leur rappeler cet axiome fondamental de l'économie politique, que les produits s'échangent contre des produits.

Quoi qu'il en soit, l'état des choses est acquis; il faut le prendre tel qu'il est; ce serait perdre son temps de le discuter ; il n'y a aucune chance pour que les relations internatio-

nales soient modifiées, si ce n'est dans le sens d'un abaisse-
ment encore plus grand des barrières douanières. La tendance
des peuples est à faciliter de plus en plus leurs échanges
commerciaux. Par conséquent, nous devons raisonner sur la
question des laines coloniales, qui nous occupe, d'après ces
bases. Les producteurs européens s'exposeraient aux plus
graves mécomptes, en négligeant de s'inspirer, dans leurs
opérations, du phénomène économique dont il s'agit.

C'est pourtant ce que font encore bon nombre d'éleveurs
de mérinos, en Allemagne et en France. Ils s'obstinent à produire des laines courtes, des laines de carde, par cela seul
qu'ils en ont pris l'habitude, et sans songer que la lutte est
impossible pour eux sur le marché de ces laines. S'apercevant
fort bien que les prix du cours, sur ce marché, ont cessé
d'être rémunérateurs de leurs frais, au lieu de penser à se
mettre en mesure de produire une marchandise plus avantageuse et dont le prix de revient soit moins élevé, ils sollici-
tent du gouvernement la hausse artificielle du produit par l'é-
tablissement de droits protecteurs. C'est-à-dire qu'il leur
paraît tout naturel d'obtenir des bénéfices, pour des services
qu'ils n'auraient point rendus, tandis qu'il est moral seulement de n'exiger que la rémunération de ceux que l'on rend,
telle que la font établir les lois dérivant de la nature des
choses.

Mais ce n'est pas à ce point de vue que nous devons nous
placer. Il convient de mettre en évidence ce fait fondamental,
que c'est mal comprendre son intérêt, dans l'état actuel du
marché, de considérer comme économiquement possible l'industrie zootechnique des laines courtes, dans la plupart des
situations agricoles du continent. Les frais généraux de la
culture augmentent sans cesse ; la baisse considérable produite par l'intervention alors nouvelle des produits coloniaux
s'est maintenue et se maintiendra, sauf les fluctuations insé-
parables de tout mouvement commercial, attendu que le nombre des moutons va toujours croissant en Océanie et dans
toutes les possessions anglaises de l'autre hémisphère ; consé-
quemment les conditions ne peuvent que devenir pires en
Europe pour la production des laines courtes, quelque développement qu'y prenne leur consommation. Le cours du marché

est commandé par l'agriculture pastorale, qui jette dans la balance les produits de ses immenses étendues de terrains vierges, conquises par le génie colonisateur des Anglais. Chez nous, par des considérations qu'il n'est pas nécessaire sans doute de développer, le système pastoral perd sans cesse de son importance en faveur de la culture intensive : il ne saurait donc faire équilibre : il doit subir la loi. Là comme à la guerre, la victoire est du côté des gros bataillons. La sagesse fait une obligation d'éviter la bataille et de choisir mieux son terrain.

Ce terrain, pour les producteurs européens, à de rares exceptions près, dans lesquelles le système pastoral est encore le seul possible, est celui de l'industrie des laines intermédiaires. Nous avons vu quelle situation avantageuse leur est offerte sur le marché. Non seulement elles y sont toujours très-demandées pour la fabrication des étoffes de nouveautés, dont nous avons signalé les développements, mais encore elles entrent pour une part de plus en plus considérable dans celle des draps, dont les perfectionnements ont nécessité leur emploi pour la préparation des chaînes propres au tissage mécanique.

Ces laines dites intermédiaires, au sujet desquelles les conditions de la concurrence sont égales pour tous sur le marché européen, contrairement à ce qui vient d'être établi pour les laines dites fines ou plutôt courtes, ces laines de peigne ont, en outre de l'avantage que leur offre l'état du marché par les motifs indiqués, un autre avantage encore plus précieux : ce sont celles qui peuvent être produites au plus bas prix de revient; ce sont celles qu'une agriculture avancée peut seule produire, et pour lesquelles, en conséquence, les éléments naturels de production interviennent le moins. La victoire, en ce qui les concerne, appartient donc, dans la lutte industrielle, au plus intelligent et au plus actif.

C'est ce que nous montrerons plus loin. Auparavant, il faut exposer la situation économique de l'autre produit des moutons, comme nous venons d'exposer celle du commerce des toisons.

Situation du marché de la viande. En ces derniers temps, la consommation de la viande a pris, dans l'Europe occidentale, de très-grands développements, déterminés surtout par la hausse des salaires, qui a été elle-même la conséquence des changements politiques intervenus. Le sentiment de l'égalité, en France particulièrement, a fait naître de vives aspirations au bien-être parmi les travailleurs. Or, ces aspirations se réalisent d'abord par l'amélioration du régime alimentaire, premier besoin de l'homme, et dans cette amélioration, c'est la viande qui occupe le premier rang. On sait, en outre, qu'en Angleterre la viande a toujours été un aliment indispensable pour les populations travailleuses.

Indépendamment de l'observation directe, qui ne laisse aucun doute à cet égard, si l'on voulait avoir une preuve irrécusable de l'accroissement considérable qu'a subi la demande de la viande sur le marché français depuis une vingtaine d'années, on n'aurait qu'à consulter les documents commerciaux, les mercuriales intérieures et les statistiques du commerce extérieur. On y verrait que la hausse de la marchandise a subi une progression constante, en même temps que les importations se développaient.

Par un raisonnement bien simple, on arrive à constater, d'après cela, que la progression des besoins de la consommation n'a pas cessé d'être en avant de celle qu'a pu suivre la production intérieure. La concurrence de l'étranger, ici, n'a donc point pu être préjudiciable aux intérêts des nationaux.

Saisissons à ce sujet l'occasion de faire une remarque sur l'un des sophismes économiques les plus fréquemment articulés par les derniers partisans du système protecteur. N'était la concurrence étrangère, disent-ils, la hausse eût été plus forte, et nous en aurions profité. Laissant à l'écart le côté moral du raisonnement, dont les appétits protectionnistes se préoccupent peu, à la vérité, l'on observera que la hausse, en toute matière, est naturellement et nécessairement limitée par la capacité des acheteurs. Dès que le prix de la marchandise dépasse cette capacité, la consommation se restreint forcément, et la demande diminue, ce qui fait prédominer l'offre et détermine la baisse. Dans le cas particulier, le prix de la viande ayant toujours été, malgré la concurrence étrangère, aux dernières limites de la hausse accessible aux consommateurs les plus nombreux, il s'en suit que la plus grande rareté de la marchandise les eût tout simplement fait retirer. Ils se fussent privés de viande, sans aucun bénéfice pour les producteurs.

En présence d'une telle conclusion, indiscutable pour quiconque prend la peine d'aller au fond des phénomènes, il n'est pas un seul producteur sensé qui ne consente à considérer comme un bienfait la concurrence agissant dans ces conditions.

Cette concurrence, il ne dépend d'ailleurs que des producteurs nationaux de la rendre impossible. Ils peuvent alimenter le marché à des conditions meilleures que celles dans lesquelles agissent leurs concurrents, attendu que leurs produits sont grevés de moindres frais de transport.

Les importations de bétail, dans notre pays, portent surtout sur les moutons, dont nous nous occupons. Il entre chaque semaine, par notre frontière du nord-est, un grand nombre de ces animaux provenant des états allemands, qui viennent alimenter le marché de Paris, ce centre principal de la consommation française. Il est évident que les engraisseurs de moutons du rayon de Paris, aussi bien placés que ceux de l'Allemagne sous tous les autres rapports, et disposant comme eux des voies ferrées, ont sur ces derniers l'avantage d'une moindre distance à parcourir, et par conséquent de moindres frais de transport à payer, quelques bonnes conditions que fassent les compagnies de chemin de fer au trafic international.

Si donc les moutons étrangers arrivent sur le marché, c'est qu'ils y viennent occuper une place qui resterait vide sans eux. Dès que les producteurs nationaux se seront mis en mesure de s'en emparer par une faible baisse, en diminuant le prix de revient de leur marchandise, ils deviendront les maîtres, non seulement du marché français, mais encore du marché anglais à plus forte raison, toujours ouvert au commerce extérieur.

Telle est la situation. On voit qu'elle ouvre à l'industrie ovine des perspectives assez riantes. Il faut, pour la consommation intérieure de notre pays, un poids déterminé de viande, auquel la production nationale n'a jamais pu suffire encore. Nous avons en outre près de nous, de l'autre côté de la Manche, une nation toujours affamée, qui demande sans cesse aux quatre coins du monde des matières alimentaires pour une population exubérante et composée de forts consommateurs de viande surtout. En aucun point du globe ne se trouvent réalisées, pour une production quelconque, de meilleures conditions économiques, car nous avons pour nous et les éléments naturels et les moindres frais de transport. Nous sommes les mieux dotés, quant au sol et au climat, par la variété des situations agricoles, et nous sommes les plus rapprochés des grands marchés.

La production de la viande, de celle de mouton particulièrement, rencontre donc à souhait chez nous tout ce qu'il est possible de désirer. Si nous avons dû, pour ce qui concerne l'état du marché des laines, distinguer et faire des réserves, en ce moment notre conclusion ne comporte aucune restriction. Il serait bien impossible de trouver, parmi les industries agricoles, aucune industrie qui pût fonctionner dans une situation économique plus favorable. On peut affirmer sans hésitation que si les producteurs n'en tiraient pas bon parti, la faute en devrait être imputée à eux seuls, à leur défaut de connaissance des moyens de la faire fructifier à leur profit.

Et cette situation est d'autant meilleure, que pour l'exploiter le mieux possible, il faut, comme nous le verrons tout à l'heure, entrer dans une voie au bout de laquelle se trouvent à la fois et l'exploitation la plus avantageuse des toisons, d'après ce que nous avons dit de la situation du commerce des laines, et la réalisation des progrès agricoles qui assurent les plus hauts rendements de toutes les récoltes.

Ainsi se trouvera démontrée une fois de plus cette vérité : que les progrès zootechniques sont, en économie rurale, les bases de tous les autres, toutes les autres productions y étant nécessairement solidaires de la production animale. Cette vérité fondamentale, je me suis efforcé de la mettre en évidence ailleurs en thèse générale. Ici, nous allons la voir éclater en un cas particulier.

Conditions de fonctionnement des aptitudes. Les moutons, ainsi que nous l'avons vu, donnent principalement à l'économie sociale de la laine et de la viande. Pour l'étude que nous en faisons, on peut sans inconvénient négliger leurs autres aptitudes ou fonctions économiques ; elles sont dominées par celles-là, de telle sorte que la solution de la question qui les concerne est entraînée nécessairement par celle que nous avons à rechercher.

Cette question, au sujet des deux aptitudes principales des moutons, toujours réunies dans une certaine mesure chez tous les individus de l'espèce, se pose ainsi : est-il possible d'atteindre à la fois, dans chaque espèce, les meilleures conditions de perfectionnement de ces deux aptitudes ? en d'autres termes, la laine et la viande peuvent-elles être produites par le même individu, dans les conditions du plus grand perfectionnement de ses aptitudes ?

Ainsi posée d'une façon abstraite ou absolue, la question a été résolue négativement par un maître de la science zootechnique, dont nous sommes habitués à prendre les opinions en grande considération. Pénétré d'une idée juste en principe, qu'il a eu l'honneur d'introduire dans les études dont nous nous occupons, Baudement croyait, en thèse générale, à l'incompatibilité du développement simultané des aptitudes ou fonctions, et il considérait comme une condition indispensable de rendement élevé à sa plus haute puissance la spécialisation de ces fonctions. Pour lui, là comme dans l'industrie manufacturière, le travail, afin de produire sa plus haute somme possible d'effet utile, devait être divisé.

Dans le cas présent, par exemple, il ne pouvait admettre qu'il fût possible d'obtenir à la fois d'un mouton de la laine fine et de la viande en forte quantité ; c'est-à-dire qu'il ne pensait point que les bêtes dont l'aptitude est de produire cette laine fine pussent, sans la perdre, acquérir l'aptitude au développement précoce, qui est la condition d'une production abondante de viande. Après avoir choisi l'entreprise zootechnique dans l'un ou l'autre sens, il fallait donc, selon lui, de toute nécessité spécialiser l'aptitude des agents producteurs et choisir en conséquence les races à exploiter. Il a posé comme un fait, notamment, que les moutons mérinos, producteurs de laine avant tout, ne pouvaient, en aucun cas, être comparés aux moutons anglais comme producteurs de viande.

Une telle conclusion, fondée sur des vues purement spé-

culatives, est tous les jours démentie par l'expérience ; et
pour ce motif, ainsi que cela va de soi, elle ne pouvait pas
être d'accord avec les données de la science. Si juste que soit
en principe la doctrine féconde de la spécialité des fonctions,
dans ces termes, on en fait une fausse application, sur laquelle l'esprit judicieux de Baudement n'eût point manqué
de revenir, si les faits acquis aujourd'hui étaient parvenus à
sa connaissance.

D'abord remarquons que, d'après ce que nous avons dit de
la situation du marché, la production spécialisée des laines
fines et courtes ne peut être en Europe qu'un pis-aller. Il ne
convient d'en adopter l'industrie que quand il n'est pas possible de faire autrement, c'est-à-dire lorsqu'on est forcé d'en-
tretenir les moutons au régime pastoral. A ce compte, si la
doctrine exposée tout à l'heure sommairement était vraie, la
production des laines de la plus grande valeur serait interdite
à l'agriculture intensive. Et telle était bien l'opinion de Baudement. Cette opinion, quoiqu'il m'en coûte d'avoir à le dire,
est à la fois une erreur économique et une erreur physiologique. Il ne sera pas difficile, j'espère, de le démontrer.

En effet, les notions positives sur l'anatomie et la physiologie du tégument, que nous avons exposées précédemment, en montrant le mode de production du filament
laineux, nous ont appris que le diamètre et la forme de
ce filament dépendent plus de l'organisation de son organe
producteur que du régime alimentaire auquel l'animal est
soumis. Elles nous ont appris aussi que l'activité de cet organe détermine en longueur l'étendue du filament produit
en un temps donné, non pas son étendue en diamètre, au-
delà de certaines limites, fixées par le volume même du bulbe
laineux. C'est ce que l'observaton directe des mérinos perfectionnés ou précoces confirme de la manière la plus certaine, ainsi qu'on a pu s'en assurer dans tous les concours
où ils ont été exposés par les éleveurs distingués aux soins
desquels leur perfectionnement est dû. Leur laine, tout aussi
fine que celle des autres mérinos de même taille, est seulement beaucoup plus longue. Au lieu de n'être que de la laine
de carde, elle est devenue de la laine de peigne.

La seule constatation de ce fait indéniable suffit pour fournir la démonstration de notre second point. Serait-il nécessaire, après ce que nous avons établi, d'insister sur les avantages économiques de cette qualité de laine, comparativement avec la laine courte ? Dût-on les considérer l'une et l'autre indépendamment de leurs conditions de production et de leur prix de revient, l'erreur économique dont il s'agit n'en éclaterait pas moins. Du moment que le fait est démontré possible, la question économique n'a même plus besoin d'être posée. La vérité physiologique l'entraine, comme l'erreur l'avait entraînée, de son côté.

Et il ne s'agit pas ici d'une affaire de mince importance. Ainsi que nous le verrons tout à l'heure, une forte partie de la richesse agricole de l'Europe occidentale y est engagée. Quant à présent, bornons-nous à constater que la conciliation des deux aptitudes principales des espèces ovines est un problème non seulement possible, mais encore facile à résoudre sur un seul et même individu ; nous en déduirons plus loin la conclusion pratique. Il est possible et facile de faire atteindre en même temps à la production de la laine et à la production de la viande les plus hauts rendements, dans certaines conditions déterminées de fonctionnement des deux aptitudes. Le développement de l'une est la conséquence nécessaire du développement de l'autre, au lieu d'être, comme on l'a pensé et enseigné, incompatible avec lui.

Le fait s'exprime par celui-ci, qui est acquis à la science, savoir que la plus grande activité du bulbe laineux ne grossit point le brin, mais l'allonge seulement.

Conclusion. De toutes les considérations exposées dans ce chapitre, il résulte premièrement que la fonction économique de la production de la viande, parmi celles auxquelles les moutons sont aptes, rencontre dans la situation du marché ouvert à la denrée les meilleures conditions de débouché ; deuxièmement, que les laines les plus avantageuses à produire, en Europe, eu égard à ces mêmes conditions, sont les laines dites intermédiaires, ou celles qui joignent la finesse à la longueur du brin et peuvent, pour le dernier motif, être peignées et servir à la fabrication des étoffes lisses ; troisièmement, que les deux aptitudes aux fonctions ainsi reconnues économiquement les plus lucratives pour le produc-

teur, peuvent être réunies chez le même individu de l'espèce
ovine qui présente, à l'état naturel, celle à la production de
la laine fine.

Nous allons déduire maintenant les conséquences pratiques
de ces faits. On verra qu'elles sont d'une certaine portée. Il
sera bon, je pense, de les opposer aux tendances en faveur
desquelles il a été fait, en ces derniers temps, une si active
propagande, sorte de contre-partie de celle qui, à la fin du
siècle dernier et au commencement du présent, a eu pour
effet de répandre en Allemagne et en France la race des mérinos d'Espagne, ces producteurs de laine par excellence.

Il n'est question de rien moins, en effet, que de faire
disparaître cette race des régions qu'elle occupe dans les
deux pays, pour la remplacer par les moutons anglais réputés les meilleurs producteurs de viande. C'est tout au plus
si l'on consent à lui laisser la libre disposition des pâturages méridionaux, dont elle peut seule tirer un bon parti.

Avant toute chose, il convient de mesurer l'étendue du sa-
crifice à faire, pour la France au moins, en supposant qu'il
faille se résigner à l'accomplir, en vue de la recherche d'un
résultat ultérieur plus avantageux, comme le présentent les
propagandistes de la prétendue spécialisation des aptitudes.

Nous avons déterminé les limites des régions peuplées chez
nous par les moutons mérinos ou leurs métis. D'après la
stastistique officielle, nous pouvons savoir approximativement
à quel chiffre s'élève leur population totale.

On compte que la France possède environ trente millions
de moutons des diverses races. La dernière statistique porte
un nombre de beaucoup inférieur; mais l'écart que l'on
constate entre ce nombre et celui de la précédente ne saurait
être expliqué autrement que par un vice de confection. La
manière dont les chiffres sont recueillis ne mérite du reste
qu'une médiocre confiance. Et puis, après tout, c'est bien
moins le nombre des têtes qui importe que le poids total des
moutons existants.

Quoi qu'il en soit, des chiffres d'une exactitude rigoureuse
ne sont pas indispensables pour notre raisonnement. En éva-
luant à trente millions le nombre des moutons que possède
actuellement la France, nous prenons la moyenne entre les

chiffres des deux derniers recensements. Sur ce nombre, on compte environ neuf millions de mérinos purs ou métis à divers degrés, c'est-à-dire produisant les laines les plus estimées.

Rien que pour la région habitée par des mérinos, dans la moitié nord de la France, propre à la culture intensive, cette région, telle que nous l'avons délimitée, si elle en était exclusivement peuplée, en pourrait nourrir à notre compte près de treize millions. C'est le chiffre de sa population ovine fourni par la statistique.

Voyons maintenant quelle est la valeur comparative de leurs toisons.

Le rendement moyen de la toison en suint d'un mouton mérinos de la région considérée est entre 5 et 10 kil., soit 7 kil. En général, cette toison rend au lavage à fond environ 30 p. 100 de laine dite à blanc. Or, le prix de cette laine oscille entre 7 et 9 fr., suivant qualité ; mettons 8 fr. pour rester dans les limites de la modération. Cela fait donc une valeur d'environ 17 fr. par toison, et pour le nombre de toisons produites annuellement, une valeur totale de 153,000,000 de francs, qui pourrait s'élever jusqu'à 221,000,000.

Supposons que la production de ces toisons ait fait place à celle des toisons communes ou grossières, que fournissent les moutons spécialisés pour la production de la viande, les moutons anglais, puisqu'il faut les appeler par leur nom. Supposons aussi que le choix ait porté sur les plus justement estimés, dont l'élevage a déjà pris d'ailleurs dans la région qui nous occupe, une certaine extension. Je veux parler des moutons southdown.

Le poids moyen d'une toison de southdown, lavée à froid, ne dépasse pas 1 kil. 750. Son prix courant est d'environ 1 fr. 90 le kil. ; mettons 2 fr. C'est donc seulement une valeur de 3 fr. 50 pour chaque toison, et un revenu annuel de 45,500,000 francs pour toute la population, au lieu des 153,000,000 que produisent aujourd'hui les mérinos.

De ces chiffres, il ressort évidemment que la substitution proposée aurait pour effet immédiat un déficit annuel de 108,000,000 de francs dans le revenu des troupeaux. C'est à quoi l'on ne semble pas avoir assez songé.

Mais peut-être que ce déficit serait plus que compensé par la plus-value acquise par la viande. On ne paraît pas en douter. Examinons. Nous comparerons cette viande poids pour poids, sans tenir compte des différences de qualité, que nous pouvons sans inconvénient admettre comme étant en faveur des animaux anglais, bien que cela soit bien loin d'être démontré.

Le poids vif d'un southdown gras est communément de 60 à 70 kil. En consultant le cours moyen de la viande de mouton sur pied pour la dernière quinzaine, au moment où j'écris, je vois qu'il est de 1 fr. 54. Cela fait donc une valeur de 107 fr. 80 au maximum, sur le marché de Paris, pour chaque tête, et une valeur totale de 1,401,000,000 fr. pour la population entière.

Tel qu'il se présente communément aujourd'hui, le mouton mérinos pèse de 50 à 60 kil. Au cours ci-dessus, c'est une valeur maximum de 92 fr. 40 par tête, soit, au total, de 1,200,000,000 fr., inférieure de 201,000,000 fr. à celle des moutons anglais.

En ces termes, l'avantage serait incontestablement à ces derniers, car en déduisant de cette somme de 201,000,000 de francs celle de 108,000,000, représentant la plus-value des toisons de mérinos, il resterait encore un boni de 93,000,000 en faveur des moutons anglais producteurs de viande.

Ces calculs irréprochables montrent à quel point est juste la conclusion que nous avons tirée de notre analyse de la situation du marché de la viande; mais on se tromperait grossièrement si l'on en inférait qu'il y a lieu pour cela de remplacer partout les mérinos par des southdown, ainsi que la thèse en a été soutenue depuis longtemps en Allemagne et en France (car la question est la même dans les deux pays).

Si les mérinos devaient rester ce qu'ils sont en général, nul doute qu'on n'eût raison au lieu d'avoir tort. S'il était vrai que le développement de leur aptitude à produire de la viande fût une entreprise impossible, la question ne devrait pas même être posée. Il est évident qu'une économie rurale bien raisonnée les ferait reléguer dans les régions pastorales, en leur qualité pure et simple de producteurs de laine, la viande n'étant chez eux qu'un accessoire à la fin de leur carrière.

Mais en est-il ainsi? Nous avons vu que non. Il ne nous sera pas difficile de prouver ultérieurement que la transformation des mérinos en bêtes à viande, au même degré de perfectionnement que les southdown, est une entreprise qui n'est ni plus ni moins impossible que celle de leur remplacement. A tous les points de vue moins un, qui est celui du choix des béliers améliorateurs, c'est la même question dans les deux cas; et sous le rapport de l'exécution, il y a en faveur de la transformation la sûreté de marche qu'offre l'emploi de la sélection, et que ne présente pas, tant s'en faut, celui du croisement.

La seule objection qui pourrait être opposée avec une apparence de raison, et qui consiste à arguer faussement du temps nécessaire pour faire atteindre aux troupeaux la précocité par la seule sélection, n'a plus même aujourd'hui le moindre prétexte de subsister. On peut se procurer en France, au même degré de précocité et dans les mêmes conditions, autant de béliers mérinos que de béliers southdown. Ceux-là, au même âge, pèsent autant, sinon plus, que ceux-ci; ils donnent autant de viande, sinon plus, et de la meilleure incontestablement.

Ce sont là des faits que j'ai mis hors de doute par des observations incontestables (1). J'ai cité notamment l'exemple de brebis mérinos de dix-huit mois, du troupeau de Genouilly, si habilement amélioré par M. G. Garnot, qui ont pesé 80 et 86 kil. sous mes yeux, au mois de mai 1866, et qui n'eussent pas été, à la boucherie, de beaucoup moins d'un rendement de 60 p. 100 en viande nette d'excellente qualité. Je puis en parler sciemment, pour en avoir mangé.

Avec de tels mérinos, la question examinée tout à l'heure prend un tout autre aspect. Ce ne serait plus un déficit qu'il faudrait constater en les comparant aux moutons anglais. On comprend à merveille que pour une aptitude au moins égale à la production de la viande, ils conservent leur supériorité comme producteurs de laine, en assurant au moins

____

(1) Voy. A. SANSON, *Zootechnie*, IVᵉ vol., p. 392 et suiv.

l'excédant des 108,000,000 de revenu annuel calculés plus haut.

Et l'on voit par là que le sujet est digne des plus sérieuses méditations des éleveurs, en Allemagne comme en France. La science, telle que nous venons d'essayer de l'interpréter, commande de laisser les mérinos en possession des terrains qu'ils occupent dans toute l'Europe occidentale. Ce serait une faute grave de tarir la source de richesse que présentent leurs toisons, du moment qu'il est démontré qu'on peut arriver au but sans les sacrifier et sans plus de difficultés. Les états allemands sont riches comme nous en moutons mérinos. La Prusse surtout, si attentive à tous les progrès, en a près de 11,000,000 de têtes, purs ou métis. C'est une fortune qu'il faut conserver en l'améliorant, non pas la détruire.

Ils ont le précieux avantage de pouvoir réunir les deux principales aptitudes et de remplir à la fois les deux fonctions économiques les plus lucratives de l'espèce. C'est assez d'exploiter ceux qui n'en ont qu'une, dans les régions dont le climat ne se prête pas à la compatibilité qui fait le mérite du mérinos. En France, il en est ainsi du climat océanien et de celui des hauts plateaux, où les mérinos n'ont jamais pu prospérer, quelque soin qu'on en ait pris. Là est la place des producteurs exclusifs de viande, du southdown et des autres moutons anglais.

CHAPITRE V.

ZOOTECHNIE DES MOUTONS.

Définition. Selon la signification du mot, aujourd'hui bien connue, on entend par zootechnie des moutons l'art de les exploiter économiquement suivant les principes de la science, de tirer des diverses espèces du genre le meilleur parti, tout à la fois pour celui qui les exploite et pour la société.

Cet art est soumis à des règles fondées sur les lois dérivant de la nature des choses, telles que l'analyse scientifique les a fait découvrir. Les règles ou procédés ont été constitués en méthodes zootechniques, dont les résultats peuvent être prévus et obtenus sûrement, toutes les fois qu'on se place, pour leur application, dans les conditions que cette analyse a déterminées. Et c'est en cela que la zootechnie scientifique diffère particulièrement des notions empiriques, dont elle a pris la place en ces derniers temps.

Au point où nous en sommes arrivés de nos études sur les moutons, il s'agit maintenant de marquer le but immédiat que l'éleveur doit atteindre, puis d'indiquer les moyens d'y arriver.

Ce but est la réalisation au plus haut degré des aptitudes capables de mettre les animaux en état de remplir les fonctions économiques précédemment examinées. Les moyens sont les méthodes zootechniques, que nous avons à passer en revue, en déterminant les limites de leur application.

Pour bien marquer le but zootechnique en ce qui concerne les moutons, il convient, leur histoire naturelle étant connue, de commencer par indiquer leurs meilleures conditions d'aptitude, c'est-à-dire les formes qu'ils doivent avoir pour remplir leurs fonctions économiques le plus avantageusement.

Cela nous fournira l'occasion de compléter, à ce point de vue, la description de nos races ovines.

I. — CONDITIONS DE LA BELLE CONFORMATION.

Beautés. La notion de beauté, chez les animaux domestiques, n'est point une affaire de goût, qui relève seulement du sentiment artistique; elle est une chose parfaitement raisonnée, qui résulte d'un rapport établi entre l'objet et le but. Elle se mesure exactement par ce rapport; elle est, en conséquence, essentiellement économique. Ici, le beau et le bon n'ont point des significations différentes, et le bon est ce qui atteint le but qu'on se propose en exploitant les animaux. Le plus bel animal, en ce sens, est donc celui qui l'atteint le mieux, celui qui est en état de rendre le plus de services.

Cette notion zootechnique de la beauté est une de celles qu'il importe le plus de faire entrer dans les esprits. Elle a été durant trop longtemps perdue de vue. Les empiriques qui dirigent, au nom de l'État, la production chevaline, et tous les amateurs de chevaux à leur suite, qui composent ce que nous avons appelé la gentilhommerie équestre, gens au demeurant fort estimables d'ailleurs, n'ont point encore cessé, par exemple, de la mettre complètement en oubli.

Pour le bétail proprement dit, nous sommes plus avancés, sinon en théorie, du moins en pratique. Les éleveurs sont assez généralement d'accord, à présent, sur les conditions de la beauté de leurs animaux. Ils savent que le plus beau mouton est celui qui, pour un poids vif donné, rendra à l'abattage la plus forte somme de viande nette, après avoir fourni les toisons les plus lourdes et les plus estimées sur le marché.

Les dispositions de formes ou de conformation extérieure du corps sont donc appréciées d'après ces bases, et celles qui favorisent le plus la production du résultat sont considérées à juste titre comme des beautés.

Il y a par conséquent chez le mouton des beautés de deux ordres, se rapportant à chacun des caractères secondaires de l'espèce : il y a les beautés de la conformation et celles de la toison ou du lainage.

Nous allons les examiner successivement.

Beautés de conformation. Une vérité zootechnique que je crois avoir mise hors de doute, c'est que si, dans leur état naturel ou dans leur état de culture purement empirique ou traditionnel, tous les moutons n'ont point les mêmes formes corporelles ou la même conformation, il est en notre pouvoir d'amener toutes les espèces à des formes identiques, les caractères typiques conservant seuls leurs traits distinctifs. Ces caractères, répétons-le, se jouent de toutes nos combinaisons. La permanence est leur loi naturelle. Ils persistent intacts, quoi que nous fassions.

Pour l'établir, les exemples ou les preuves s'offrent en foule : on n'a que l'embarras du choix. Dans la plupart des espèces cultivées, la taille et les formes du corps, dépendant

de la situation des parties du squelette, ainsi que nous l'avons
dit en exposant les notions anatomiques et physiologiques nécessaires, ont varié ; la forme de chacune de ces parties est
restée la même ; son volume absolu a seulement changé ou

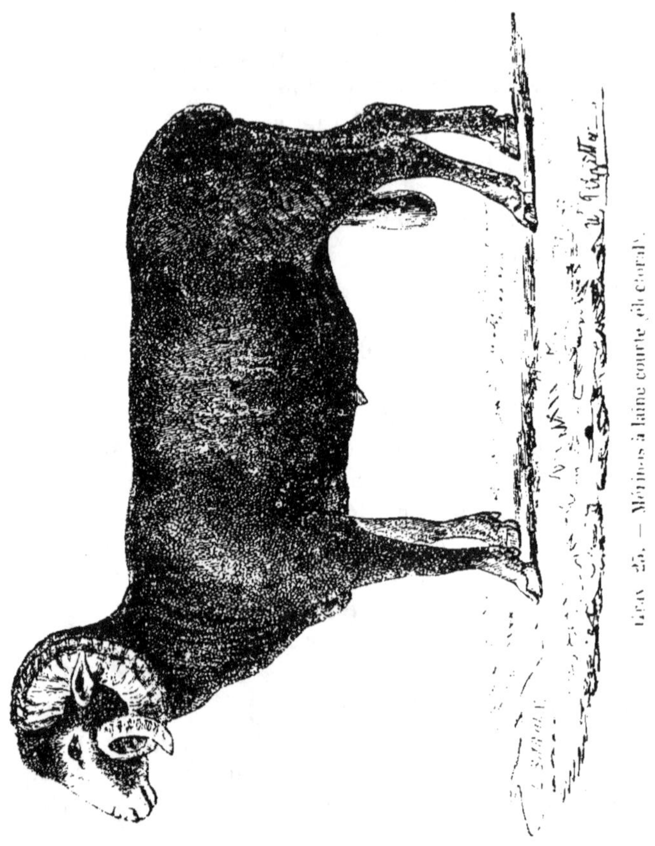

Grav. 25. — Mérinos à laine courte (dit électoral).

non, suivant la durée du développement, car c'est à cela que
ce volume est subordonné.

Parmi les nombreux exemples qu'on en peut montrer, celui que fournissent les diverses variétés de moutons mérinos
est assurément le plus frappant. Que l'on compare, en effet,
le mérinos allemand dit électoral (grav. 25) à notre mérinos
français de Rambouillet, avec ou sans cornes (grav. 26), ce-

lui-ci au mérinos perfectionné (grav. 27), et ce dernier au southdown (grav. 28).

Grav. 26. — Mérinos de Rambouillet.

Du rapprochement attentif opéré entre tous ces sujets, que nous pourrions multiplier encore, résultera l'évidence

dé la vérité énoncée. De la conformation défectueuse, au point
de vue de la production de la viande, du mérinos électoral à
laine courte, animal à poitrine étroite, long de corps et sur-
chargé d'os, à taille moyenne ou petite, on passera au grand
mérinos à toison abondante, tel que le régime de Rambouillet

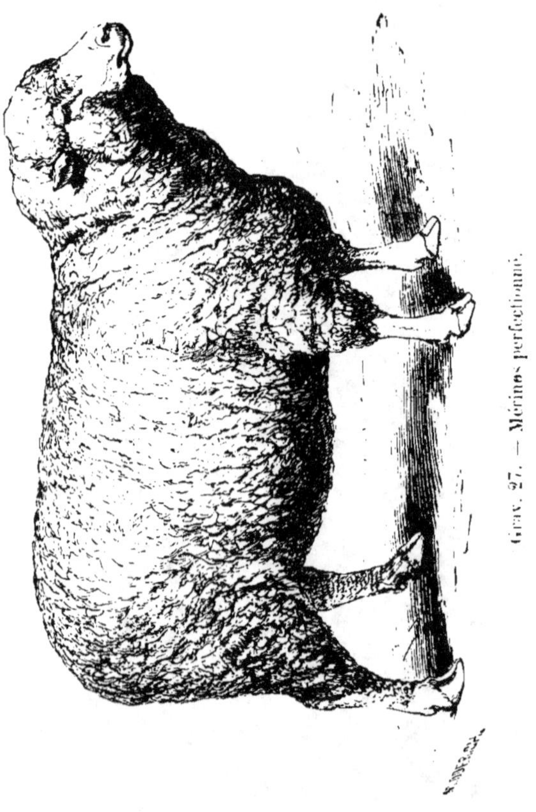

Grav. 27. — Mérinos perfectionné.

l'a fait, pour arriver à celui que l'application judicieuse des
bons principes de la zootechnie a conduit vers une conformation absolument identique à celle du southdown, réputé
le meilleur producteur de viande.

Pourtant, malgré toutes ces transformations, le mérinos
est resté partout le mérinos, avec son type naturel distinct et
parfaitement reconnaissable à première vue, par quiconque

le connaît. Il en a été de même de tous les autres types spécifiques, sur divers points de l'Europe, et particulièrement

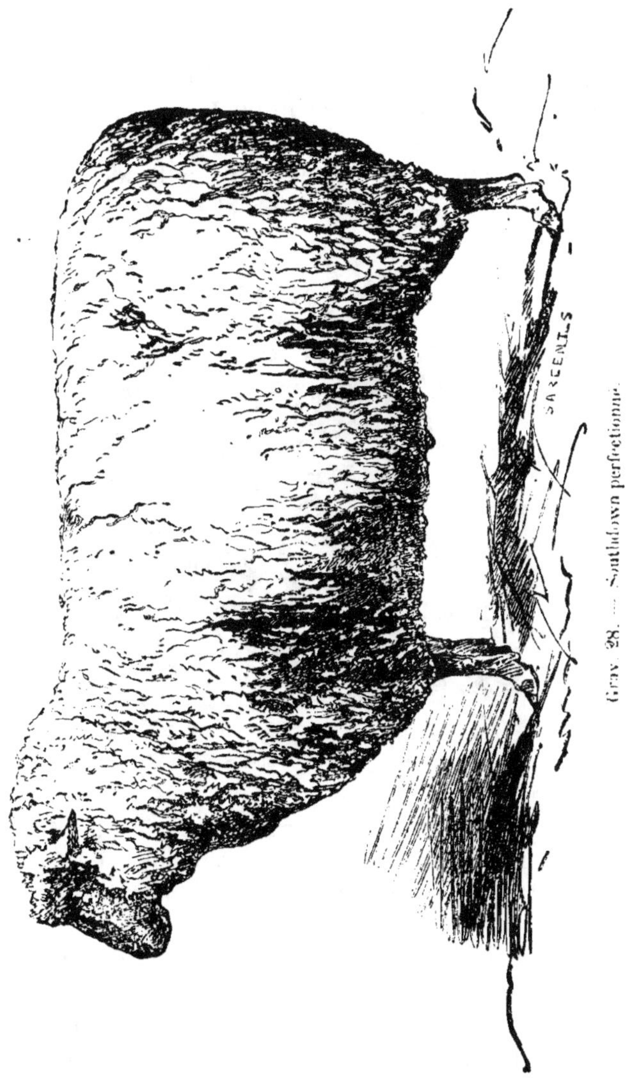

Grav. 28. — Southdown perfectionné.

en Angleterre, où il a été fait le plus d'efforts, sous l'influence des pratiques de Backewel, pour améliorer la conformation des animaux.

Le point fondamental de l'amélioration, la beauté essentielle
et qui peut, dans l'état actuel des connaissances zootechniques, être considérée comme absolue, est celle qui se rapporte à la conformation de la poitrine ou du thorax. On avait
admis empiriquement que l'ampleur du thorax peut donner
la mesure du rendement des animaux en viande nette. Les
procédés de mensuration usités depuis longtemps en Allemagne et en France sont fondés sur cette idée. Baudement
en a démontré la justesse par des observations nombreuses

Grav. 29. — Poitrine du mérinos perfectionné.

et précises, en faisant voir que, dans le développement
physiologique de l'individu, les dimensions de la poitrine
commandent celles de toutes les autres parties du tronc de
l'animal.

Nous n'entrerons pas ici dans le détail des corrélations
anatomiques en vertu desquelles le phénomène se produit.
Qu'il nous suffise d'en affirmer la loi, acquise à la science,
et qui peut fournir un moyen sûr, à elle seule, d'apprécier
la conformation générale.

Un poitrail large et descendu (grav. 29) indique sûrement un
corps épais, cubique; des reins larges et des hanches écartées,
conditions d'un fort rendement, accompagnent ordinairement

l'aptitude au développement précoce et la réduction relative du poids du squelette, qui en est la conséquence, le volume du corps étant dû à la prédominance des chairs autour de celui-là.

Avec une poitrine ample et profonde se trouvent aussi, de toute nécessité, des membres relativement courts et bien d'aplomb, qui diminuent la taille, mais non point le poids vif total. Et c'est ainsi que l'examen de la situation des membres pourrait également suffire, à son tour, pour juger de l'ensemble de la conformation.

« L'écartement de chacun des bipèdes antérieur et postérieur, ai-je dit ailleurs (1), témoigne effectivement de l'ampleur du thorax, de l'inclinaison des os du bassin et par conséquent de l'ampleur de la croupe, qui commande tout le plan du squelette, d'où résulte la conformation. Or, des membres bien verticaux, dont chaque pied s'appuie d'aplomb à l'un des angles du parallélogramme représentant une base de sustentation large et relativement longue, supposent nécessairement un développement harmonique de toutes les parties du corps, qui rapproche l'ensemble de celui-ci de la figure géométrique du parallélipipède, reconnu, ainsi que nous l'avons vu, comme étant la plus favorable au rendement, chez les animaux de boucherie. Ajoutons que c'est en outre celle qui multiplie le plus les surfaces, et par conséquent l'étendue de la peau, ce qui ne saurait être indifférent pour le cas présent, où il s'agit aussi de la production de la laine dont elle est revêtue.

« Et de plus, nous pouvons faire remarquer dès maintenant que les régions de la peau ainsi développées sont précisément celles qui, d'une manière absolue, sécrètent la laine de premier choix, quelle que soit d'ailleurs la valeur relative de la toison. »

Chez les animaux grands producteurs de laine, chez les mérinos, l'objectif du progrès a été durant longtemps d'augmenter l'étendue superficielle de la peau, sans accroître le volume du corps. On y est arrivé en multipliant le plus possible les plis du tégument, au col principalement, comme

_____

(1) *Zootechnie*, loc. cit., p. 311.

dans la variété de Rambouillet et dans celle de la Beauce, remarquables par leurs cravates ou fanons pendant presque jusqu'au sol. Dans les variétés à laine superfine de l'Allemagne, dites negretti, ces plis, moins étendus, se montrent sur toute la surface du corps (grav. 30).

Grav. 30 — Mérinos à laine courte (Negretti).

Au point où en est arrivée la science, cela doit être considéré comme une erreur. Outre que dans ces plis la qualité de la laine est toujours inférieure à celle de la laine normale, par le fait de l'épaississement qu'y subit la peau, les notions que nous possédons sur l'anatomie de l'appareil tégumentaire nous permettront de nous rendre parfaitement compte de ce fait incontestable d'observation, que les sujets à peau plissée ont tous le flanc grand, le ventre pendant et d'un volume exagéré, et la poitrine peu ample ; en somme, qu'ils ont une conformation défectueuse et une faible aptitude à l'élaboration de la chair.

Toutes les parties du tégument, en effet, sont solidaires. Il n'est pas possible que l'étendue de la peau soit ainsi augmentée, sans que le soit aussi celle de la muqueuse digestive, et par conséquent celle des intestins, qui ne peut s'accroître qu'au détriment des autres parties molles de l'économie.

C'est donc par l'augmentation de l'étendue superficielle du corps tout entier qu'il faut obtenir celle de la peau, en vue du poids de la toison ; et le résultat est réalisé mieux, ainsi qu'on l'a vu, par les conditions complètes et harmoniques de la belle conformation.

Beautés de la toison. Examinons maintenant les conditions de la beauté dans la laine. Nous avons étudié, dans des chapitres précédents, la constitution anatomique du filament laineux et les qualités commerciales des toisons. En ce moment, nous n'avons plus à nous occuper que de leurs propriétés absolues, en vue de déterminer, pour chaque espèce de laine, les conditions de beauté qui doivent guider surtout dans le choix des reproducteurs.

Qu'elle appartienne à la catégorie commerciale des laines courtes ou à celles des laines longues, des lisses, des ondulées ou des frisées, des fines, des communes ou des grossières, la laine, dans chacune de ces catégories, n'a pas toujours la même valeur au même état du marché. Si certaines de ses propriétés se montrent au plus haut degré dans l'une ou l'autre des catégories établies par le commerce, dans toutes celles-ci elles se rencontrent en une mesure qu'il est toujours bon de constater et d'exiger aussi élevée que possible, eu égard à la moyenne de la catégorie.

Les auteurs sur la matière ont empiriquement déduit des rapports entre certaines des propriétés de la laine. Ces rapports, tirés de l'observation courante, sont le plus souvent exacts, mais non toujours cependant. Une expérience plus complète l'a démontré, et nos connaissances actuelles sur la physiologie du tégument en fournissent une facile explication.

Il n'est pas exact, par exemple, que la finesse du filament laineux, ou brin de laine, soit toujours en raison du nombre d'inflexions ou d'ondulations qu'il présente pour une hauteur déterminée.

Il ne faut pas confondre la *hauteur* du brin avec sa *longueur* ; celle-ci s'entend de son étendue, mesurée après que les inflexions ont disparu par une traction exercée sur le brin, tandis que la hauteur est mesurée seulement par la distance qui sépare la base du sommet, les inflexions subsistant.

Le rapport des inflexions au diamètre a été observé sur les mérinos allemands à laine superfine, dont les inflexions sont en réalité d'autant plus nombreuses, pour une hauteur donnée de la mèche, que le brin est plus fin, et l'on a proposé l'emploi d'un instrument de précision pour les compter. Il a été détruit par des observations plus complètes. Le fait des mérinos dits soyeux, par exemple, a montré qu'il n'était pas général ; et l'extrême finesse de la laine lisse de certains moutons chinois, qui ne paraissent point devoir cette particularité à une anomalie de naissance, comme les mérinos de Mauchamp, est venue récemment confirmer ce dernier fait.

Le mérinos de Mauchamp (grav. 31), bien que ses filaments laineux soient d'une finesse au moins égale à celle des autres mérinos, a la toison seulement ondulée, ouverte, en mèches plus ou moins pointues, et c'est pour cela que sa laine lisse et brillante a été qualifiée de soyeuse. Nous avons vu que la forme du filament laineux dépend de la structure anatomique du bulbe qui le sécrète, subordonnée elle-même à diverses circonstances dépendantes du milieu, et qui sont par conséquent sujettes à varier.

Il convient donc, pour apprécier les beautés de la toison, d'en faire un examen détaillé et complet, embrassant les propriétés des brins de laine, leur nombre relatif sur une surface déterminée, leur mode de groupement dans la toison et l'étendue totale de celle-ci, ainsi que la répartition, sur les divers points du corps, des qualités de laine plus ou moins estimées. C'est de tout cela que se tire le mérite des individus et des races comme producteurs de laine.

L'étendue de la toison n'est pas une chose absolue, ainsi

que le croient encore trop facilement certains producteurs de
béliers mérinos, qui recherchent avec sollicitude ceux de ces
animaux qui ont de la laine depuis le bout du nez jusqu'aux
onglons, c'est-à-dire sur toute la superficie de la peau, multipliée par les nombreux plis dont nous avons parlé.

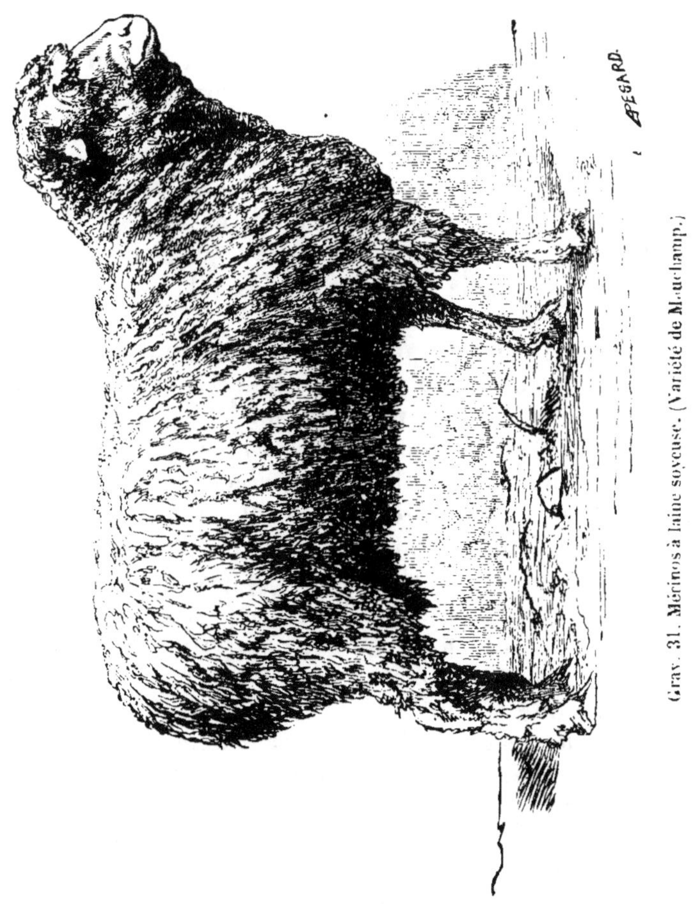

Grav. 31. Mérinos à laine soyeuse. (Variété de Mauchamp.)

Il importe moins d'augmenter le poids brut total des toisons que celui de leurs parties les plus estimées pour la qualité supérieure qui les caractérise. Or, il est bien certain que
la laine des extrémités coûte plus à produire qu'elle ne vaut.
Dans un poids donné de cette laine, il entre autant de matière

première que dans un même poids de laine de meilleure qualité, au détriment de laquelle la peau épaisse des pattes la sécrète. Nous savons fort bien que l'on considère sa présence en ces régions comme une preuve de la grande aptitude de l'individu ; mais cette preuve aurait grand besoin elle-même d'être démontrée ; du moins il est parfaitement prouvé que, pour une égale quantité de nourriture, des mérinos, qui ont les régions inférieures des membres nues, produisent des toisons tout aussi lourdes et d'une composition plus homogène.

Pour procéder à l'examen de cette composition, il suffit d'ouvrir la toison sur les divers points du corps que nous indiquerons, en écartant avec les deux mains les mèches qui la forment. On juge par là de la hauteur de celles-ci, de la couleur et de l'aspect de la laine, du nombre relatif des filaments et de la consistance de leurs faisceaux.

Pour apprécier les propriétés du brin en lui-même, il est nécessaire d'arracher une petite mèche de laine, afin de l'appliquer sur le dos de sa main, ou mieux sur une étoffe de couleur sombre, sur la manche de son habit, par exemple.

Voici la bonne manière d'opérer l'arrachement : après avoir réuni la petite mèche entre les deux doigts du milieu de la main droite, on la maintient, avec le pouce, ployée sur l'index et le médius ; puis, la main gauche appuyant de champ sur la peau, en dessous de la base de la mèche, on tire dessus brusquement. La résistance que l'on éprouve dans cette traction, donne d'ailleurs la mesure de la vigueur de constitution et de la santé du mouton.

Certains auteurs prétendent qu'il vaut mieux couper la mèche avec des ciseaux, parce que, disent-ils, la traction déforme les brins. Je ne suis pas de cet avis, attendu que l'effort même produit dans ce cas est un bon moyen de juger de la qualité de la laine, ainsi que nous allons le voir.

Nous ne reviendrons point en ce moment sur ce que nous avons dit précédemment, à propos de l'anatomie du tégument et de la classification commerciale des laines, touchant le *diamètre du brin*, son *égalité* et sa *direction*. Le répéter serait superflu ; nous y renverrons purement et simplement. (Voy. p. 33 et 62.) Il convient de s'en tenir aux seules pro-

priétés qui n'ont pas encore été indiquées, et je ne saurais
mieux faire, à cet égard, que de reproduire les pages que j'ai
déjà consacrées au même sujet.

« On recherche toujours la *souplesse*, le *moelleux*, la *douceur*, qui signifient que le brin subit et conserve sans la
moindre résistance toutes les directions qui lui sont impri-
mées. Ces propriétés sont les opposées de celles qui font
qualifier les laines de *roides, rudes*, ou de jarreuses, parce
qu'elles participent plus ou moins de la nature du poil inculte. Elles dépendent de la structure du brin, et par conséquent des soins donnés au mouton et de son état de santé.
Elles comptent parmi les plus estimées, en raison des facilités
qu'elles procurent pour le travail de la laine, pour son feutrage et aussi à cause des qualités qu'elles communiquent aux
tissus fabriqués, le moelleux et la douceur au toucher, si recherchés dans les étoffes de laine.

« La résistance opposée à la tension par le brin constitue
sa *force* ou son *nerf*, ce dernier terme étant le plus employé.
Cela s'apprécie approximativement, par l'habitude ; on n'a
jamais déterminé l'effort que la laine doit supporter sans se
rompre, pour mériter d'être qualifiée de *nerveuse*. L'égalité
du brin n'est pas nécessairement un signe de force, mais elle
existe toujours dans les laines nerveuses. On la rencontre
aussi parfois sur de la laine *faible* comme l'est celle des animaux uniformément mal nourris ou maladifs ; toutefois, l'absence de force ou de nerf qui caractérise celle-ci est surtout
le propre de la laine *à deux bouts* ou *laine fourchue*, ainsi
appelée parce que le brin présente en son milieu une partie
moins résistante, qui a été sécrétée durant une période d'a-
limentation mauvaise ou insuffisante, ou de faiblesse quelconque. Cette sorte de laine existe souvent chez les brebis qui
ont été épuisées par la lactation. Elle a peu de valeur, en
raison de ce qu'elle est difficile à travailler ou qu'elle casse
sous les outils, donnant beaucoup de déchet, ce qui explique
le grand cas qu'on fait des qualités opposées.

« Avant que la propriété précédente soit mise en jeu par la
traction opérée sur le brin, une autre se manifeste lorsqu'elle
existe : c'est celle qui est appelée *extensibilité* et qui s'accom-
pagne le plus souvent d'une certaine *élasticité*. Elles se défi-

nissent par leur nom même, car elles sont des propriétés générales de la matière. Elles varient l'une et l'autre suivant la
finesse et la direction du brin; mais pour chaque direction
leur degré est un bon indice de la qualité.

« A finesse égale, les laines lisses et droites sont moins
extensibles et moins élastiques que les laines ondulées ou
frisées, ou en zigzags. Une fois qu'on a fait disparaître, en
les étendant, les ondulations ou les angles du brin de celles-
ci, il est encore susceptible de supporter sans se rompre un
allongement plus ou moins considérable, quand on lui fait
subir une traction; si, la limite de son extensibilité n'ayant pas
été franchie, non plus que celle de sa force ou de son nerf, il
est ensuite abandonné à lui-même, il revient à sa longueur
première avec une rapidité plus ou moins grande, qui donne
la mesure de son élasticité.

« Ce sont encore là des qualités précieuses, car les laines
qui ne les possèdent pas, telles que les laines grosses, droites
et lisses, ne sont point propres à la fabrication des étoffes fou-
lées; elles se rompent sans s'être allongées sensiblement.
L'extensibilité et l'élasticité du brin sont donc à rechercher
au plus haut degré.

« La plupart des propriétés examinées jusqu'à présent, la
souplesse, le moelleux, la douceur, l'extensibilité, le nerf,
paraissent dues à la matière grasse appelée *suint* dont le brin,
de laine est plus ou moins pénétré. La preuve en est que les
laines sèches sont dures et cassantes.....

« Le suint blanc ou faiblement coloré en jaune, abondant
à la surface du brin, indique la douceur et la souplesse de
celui-ci. Il donne au toucher une sensation onctueuse. Un
simple lavage à l'eau froide suffit pour l'enlever. Il ne se rencontre guère avec ces qualités que sur les laines fines, qui
sont toujours moins bonnes quand elles en sont dépourvues
ou n'en possèdent qu'une minime quantité. Aussi provoque-
t-on parfois artificiellement sa sécrétion, ce qui doit mettre
en garde contre la surabondance du suint, même dans ces
conditions.

« Épais et fortement coloré, il devient nuisible, plus par
ses propriétés que par son abondance, bien que dans le cas la
laine soit dite *chargée de suint*. Il s'observe ainsi sur les

laines grossières, auxquelles il communique un toucher rude, contrairement à celui du suint huileux et fluide. Il ne s'en va pas au lavage. La laine qui en est chargée doit subir des procédés particuliers de dégraissage, les principes immédiats qui dominent alors dans sa composition étant peu susceptibles d'être entraînés par l'eau toute seule (1). »

La couleur de la laine est naturellement blanche, rousse ou noire. Les nuances de la blanche, qui est toujours la plus estimée, sont modifiées par la qualité du suint. Celui-ci varie depuis le blanc mat ou brillant jusqu'au jaune d'ocre. Les laines de premier choix sont ordinairement d'un jaune vif, mais de nuance claire sur le brin isolé, qui se renforce par la réunion des brins en mèche serrée.

Sans nous arrêter à toutes les désignations qui ont été employées par les praticiens pour caractériser la forme des mèches de laine, ici où nous devons nécessairement abréger, nous insisterons seulement sur les caractères essentiels, qui sont le *tassé* de la mèche et son *homogénéité* ou *égalité*. Lorsque tous les brins qui la composent sont égaux en diamètre dans toute leur étendue, et d'une égale hauteur, la mèche est dite *carrée*. Les mèches étant toutes égales entre elles et serrées les unes contre les autres, la toison est *fermée* et tassée, ce qui se voit au plus haut degré chez les mérinos à laine courte.

Il ne faudrait pas s'en laisser imposer à cet égard par l'aspect extérieur de la toison. Parfois celle-ci paraît tassée, à cause de la réunion uniforme du sommet carré des mèches ; mais en l'ouvrant on s'aperçoit qu'il y a des vides à la base et que les mèches ont la forme de pyramides renversées. Il s'agit alors d'une *toison creuse*, qui est à rejeter. Dans les laines un peu longues, où les mèches semblent moins tassées et la toison moins fermée, il importe de s'assurer seulement si tous les brins sont d'égale longueur et tassés à leur base. Vers le sommet, ils se tiennent moins facilement réunis. Seules, les mèches pointues, qui constituent ce qu'on appelle la *toison mécheuse*, dans les races estimées pour la production de la laine, doivent être rejetées comme la toison creuse.

(1) A. SANSON, *Zootechnie,* IV* vol., p. 314 et suiv.

Il nous reste à indiquer, pour en avoir fini sur ce point, la répartition des diverses qualités de laine sur la surface du corps du mouton. Pour pouvoir procéder à un examen judicieux des reproducteurs surtout, cela est très-important.

C'est toujours sur les parties latérales du corps, depuis les épaules jusqu'au commencement de la croupe, et en bas jusqu'au niveau de la face inférieure du ventre, que se trouvent les brins les plus fins et surtout les mèches les plus régulières. C'est la partie principale de la toison. Des défauts sur cette surface en accusent donc de bien plus prononcés partout ailleurs, au col, à la croupe, sur les cuisses et sous le ventre, où la présence de la laine est d'ailleurs toujours un bon indice pour l'abondance générale de la toison.

A la base de la queue et sur la partie extérieure des cuisses, les qualités de la toison sont grandement à considérer, parce que, si elles se montrent bonnes là, elles le sont nécessairement partout ailleurs. C'est en ces endroits que la laine commune persiste le plus longtemps chez les métis de mérinos. La constance des caractères de la beauté qui appartiennent à la race mérine, sous ce rapport, peut être considérée comme un signe certain de grande pureté d'origine ou de souche, comme une preuve non douteuse de l'absence de tout atavisme étranger. Cet atavisme se manifeste, lorsqu'il existe, avec une sorte de prédilection dans les caractères du tégument, et cela chez toutes les espèces.

Bien des faits faussement interprétés par l'empirisme trouvent leur explication dans cette incontestable observation ; c'est ce qui fait que la robe ou le pelage se montre si variable, dans les races dont le type spécifique est d'ailleurs le plus constant.

II. — MÉTHODES ZOOTECHNIQUES.

Objet des méthodes. Le but de l'éleveur est de produire des animaux dont les aptitudes puissent réaliser au plus haut degré l'une ou l'autre des fonctions économiques que nous avons déterminées, ou plusieurs à la fois, dans la mesure du possible. C'est pour lui le seul moyen d'arriver au bénéfice, qui doit être l'objectif unique de toute entreprise industrielle, car seules les utilités, les choses demandées se paient.

Toute entreprise zootechnique pose donc d'abord un problème économique, qu'on ne saurait ni éluder ni reléguer au second plan, ainsi que les auteurs les plus accrédités sur la matière l'ont trop longtemps fait, pour s'en tenir à des généralités empiriques ou à des conceptions arbitraires. Le genre de spéculation à entreprendre ne peut pas dépendre du goût ou du caprice de l'éleveur. Avant de fixer son choix, il doit examiner à fond la situation dans laquelle il se trouve, à la fois au point de vue des débouchés et des moyens de production dont il peut disposer.

La première question à examiner est celle de savoir si la race locale, ou du moins celle qui est généralement entretenue dans le pays, correspond le mieux, par ses aptitudes naturelles ou acquises, aux conditions qui viennent d'être énoncées.

Les choses se présentent le plus ordinairement ainsi maintenant, et dans ce cas il y a lieu seulement de songer à les améliorer, c'est-à-dire à développer ces aptitudes, en les portant au plus haut point de perfectionnement.

Il y a des cas dans lesquels la race locale n'est douée à aucun degré de l'une des aptitudes qui seraient les plus avantageuses à exploiter, et n'offre l'autre qu'à un état de développement fort attardé, par rapport aux conditions dans lesquelles elle vit.

Là, il convient de la remplacer.

Entre ces deux situations extrêmes, il y en a de moyennes, dans lesquelles la concordance entre les aptitudes économiques et les conditions de milieu n'est plus qu'une question de temps.

Ici, il s'agit seulement d'adopter des mesures transitoires, qui, sans entraver le développement régulier des aptitudes de la race locale, permettent d'en tirer provisoirement un meilleur parti.

Nous préciserons ces faits, par rapport à chacune des races connues et précédemment décrites, en indiquant les méthodes zootechniques dont nous avons maintenant à déterminer exactement les limites d'action, au lieu de les envisager d'une façon absolue et exclusive, comme on l'avait fait jusqu'à présent. Chacune d'elles a sa place en économie rurale, pour les moutons comme pour toutes les autres espèces animales. L'une des choses les plus souhaitables est que cela soit bien compris. Malheureusement, les esprits n'y ont guère été préparés.

Ces méthodes, dont l'objet se trouve ainsi défini, sont des applications de nos connaissances physiologiques ; elles ont pour fondements les lois naturelles de la vie, qu'il n'est au pouvoir de personne de transgresser. Les unes se rapportent au développement de l'individu, les autres à la reproduction de l'espèce, et elles ont été jusqu'à ces derniers temps méconnues par l'empirisme zootechnique, qui les remplace volontiers par des affirmations déduites d'observations fautives ou mal interprétées.

Nous devons nous borner à les résumer ici, sauf à renvoyer, pour plus amples détails, à notre ouvrage de zootechnie générale (1).

Les méthodes zootechniques, telles que nous avons essayé de les constituer, sont au nombre de quatre ; ce sont : la gymnastique fonctionnelle, la sélection, le croisement et le métissage. Nous allons les définir sommairement, pour mettre le lecteur en mesure de bien comprendre les applications qu'il s'agit d'en faire ici à la zootechnie des moutons.

Gymnastique fonctionnelle. Les termes de gymnastique fonctionnelle ont été adoptés pour désigner l'exercice méthodique des fonctions physiologiques de l'individu, en vue de faire acquérir à ses organes un développement plus hâtif ou plus prononcé.

Cet effet de l'exercice est un fait acquis à la science, sur lequel nous n'avons pas à insister. Il est d'ailleurs d'observation vulgaire, pour ce qui concerne les organes de la vie de relation, qu'il s'agisse de ceux de la puissance intellectuelle ou de ceux de la force musculaire. En ce qui touche à la nutrition, les travaux de Backewell et de ses successeurs l'ont depuis longtemps mis empiriquement en évidence ; il

____

(1) Voy. A. SANSON, *Principes généraux de la Zootechnie*, p. 153.

ne s'agissait que d'en faire la théorie, afin de se mettre en état de le reproduire à volonté, par la seule réalisation de toutes ses conditions déterminées.

C'est ce dernier mode de la gymnastique fonctionnelle qui nous intéresse seulement, en ce qui concerne les moutons, et dont nous aurons à développer plus loin les moyens relatifs à leur habitation et à leur alimentation. Le problème est ici, en effet, de produire le plus poss'ble de viande et de laine, en un temps donné ; il n'est pas autre. Il se résume par conséquent dans la précocité du développement de l'individu.

La méthode dont il s'agit est de toutes la plus générale. Elle se combine nécessairement toujours avec toutes les autres, dont l'objet ne peut être que d'étendre ses effets de l'individu à la famille, à la tribu ou à la race.

Et ceci est essentiel à bien retenir, car la tendance générale est de supposer qu'il suffit de bien choisir les reproducteurs pour améliorer les aptitudes des animaux. La vérité est que l'amélioration n'est jamais possible qu'à la condition d'une application attentive et constante de la gymnastique fonctionnelle, quel que soit le mode de reproduction employé.

Sélection. Dans son sens propre, dont il a été parfois détourné, le plus général aussi des modes de reproduction de l'espèce est celui qu'on appelle la sélection. On l'oppose habituellement au terme de croisement, comme s'il signifiait proprement, à lui tout seul, que la reproduction a lieu entre individus de même type. Il exprime seulement que les reproducteurs ont été choisis en vue d'un ou de plusieurs de leurs caractères communs, et non pas accouplés au hasard pour accomplir vaille que vaille la fécondation.

Nous avons tâché de faire cesser à cet égard la confusion, en précisant la signification des termes par des qualificatifs, pour chacun des modes d'application de la méthode.

S'il s'agit de reproduction entre individus de la même race ou d'un même type spécifique, la sélection est *absolue :* elle porte à la fois sur les caractères typiques et sur les caractères secondaires ; dans le cas où les caractères secondaires sont seuls en jeu, la sélection est seulement *relative*.

En ce sens, qui est conforme aux bonnes traditions de notre langue, car sélection (choix entre divers objets) n'est qu'un vieux mot français, qu'on a cru à tort importé d'Angleterre dans ces derniers temps, tandis que la langue anglaise l'avait tout simplement emprunté à la nôtre, avec bien d'autres ; en ce sens, dis-je, la sélection est donc compatible avec tous les modes de reproduction de l'espèce, et elle y est même toujours nécessaire, dans l'une ou l'autre des mesures que nous venons de déterminer. Absolue, quand il y a lieu de reproduire un type avec tous ses caractères ; relative, lorsqu'il s'agit d'obtenir des individus avec une ou plusieurs aptitudes déterminées.

Nous allons voir, en définissant les autres méthodes, comment la sélection n'intervient pas exclusivemeht dans la reproduction entre sujets de même race.

Croisement. Il y a croisement entre deux sujets qui s'accouplent pour la reproduction de leur espèce, lorsque ces deux sujets ne sont pas du même type ; et dans ce cas les lois de la reproduction normale ou naturelle ne sont plus applicables.

Les animaux vivant en état de liberté, hors de la domination de l'homme, ne se mêlent point entre eux. Chaque race occupe sa portion de territoire et se reproduit d'après cette loi que Darwin a appelée sélection naturelle (*natural selection*), c'est-à-dire que seuls les représentants les mieux constitués et les plus vigoureux de la race concourent à la perpétuer, la fonction de reproducteur étant toujours le prix d'une lutte dans laquelle les moins forts succombent nécessairement.

Le croisement des types spécifiques n'est donc qu'un effet de la domestication ; l'influence seule de l'homme l'a produit, et son intelligence s'est appliquée à le régler.

Ce ne serait pas le lieu d'insister sur les conceptions auxquelles son imagination s'est laissé entraîner à cet égard, en l'absence des notions positives de la physiologie aujourd'hui connues. Il importe seulement de commencer par dissiper une confusion dans laquelle tombent encore la plupart de ceux qui s'occupent du sujet.

On est bien d'accord sur la définition du croisement, plus haut rappelée, mais non sur celle de la race, ainsi que nous l'avons vu ; de telle sorte que dans les discussions auxquelles la question donne lieu, il arrive assez souvent que des observations sont portées au compte du croisement, qui reviennent de droit à celui de la reproduction naturelle, par sélection relative seulement. De la meilleure foi du monde, certains éleveurs, qui se sont préoccupés d'améliorer les aptitudes de leurs animaux, croient avoir opéré des croisements, parce qu'ils sont allés au loin chercher des reproducteurs présentant l'amélioration désirée. Il y en a comme cela partout, en Angleterre, en Allemagne et en France, et aussi des zootechnistes empiriques qui fondent là-dessus leurs affirmations fautives.

La raison en est qu'ils ignorent la véritable caractéristique des types spécifiques naturels. L'examen direct des résultats sur lesquels ils s'appuient, et qui sont en eux-mêmes incontestables, démontre que ces résultats sont dus à l'identité de type entre les individus accouplés, ce qui doit exclure toute idée de croisement.

Lorsque, par exemple, un éleveur bavarois du Palatinat donne à ses brebis un bélier new-leicester ou dishley, qu'il a fait venir d'Angleterre ou des bergeries impériales de France, y a-t-il lieu de s'étonner que les produits qu'il en obtient se montrent doués de fixité ? Ce qui serait surprenant et même impossible, c'est qu'il en fût autrement. C'est absolument comme si l'on trouvait étrange qu'un mérinos de Rambouillet pût, sans croisement, s'accoupler avec une brebis électorale, dans une ferme prussienne ou wurtembergeoise.

Nous avons vu, en effet, en décrivant les types spécifiques des races ovines, que ces types n'ont point changé, parce qu'ils se sont répandus sur une grande étendue de terrain, et que leurs aptitudes se sont plus améliorées ici que là ; que par conséquent les améliorations d'aptitude ne les ont point constitués en races nouvelles, ainsi qu'on le prétend si arbitrairement.

La notion est fondamentale en zootechnie, parce que l'erreur à son sujet entraine toujours à des tentatives dont les chances contraires dominent de beaucoup les favorables. Or, il importe avant tout d'asseoir les entreprises zootechniques sur des bases certaines, sur des opérations dont les résultats puisssent être toujours prévus et obtenus à coup sûr, en se plaçant dans les conditions déterminées où ils se produisent.

Il convient donc de bien établir les limites dans lesquelles le croisement, méthode de reproduction toujours la plus difficile à bien diriger, peut être efficace ; et il faut pour cela déterminer ses divers modes.

Rappelons encore que cette méthode ne peut s'entendre que de l'accouplement entre sujets de type différent. Nous connaissons maintenant tous les types spécifiques des races ovines qui peuplent l'Europe occidentale. Nous sommes en mesure par là de savoir discerner les cas dans lesquels il y a ou non croisement.

Toutes les anciennes dissertations de l'école empirique sur l'appareillement des reproducteurs, sur la correction des défauts de l'un par les qualités ou les défauts opposés de l'autre, dissertations fondées sur la plus singulière des physiologies, tombent devant ce fait. Nous renverrions au besoin ceux qui conserveraient des doutes à cet égard aux développements consignés dans nos *Principes généraux de la Zootechnie* (1).

L'utilité du croisement se borne à l'absorption d'une race ou d'un type spécifique de race par un autre type, et à la production de métis améliorés dans leurs aptitudes et qui ne soient pas destinés eux-mêmes à se reproduire. A cela se borne son utilité économique, parce que là se trouvent les limites de son efficacité physiologique, ainsi que nous le verrons plus loin.

Dans les deux cas, l'intervention de la gymnastique fonctionnelle et celle de la sélection suivant ses deux modes, que nous avons définis, sont indispensables.

Dans le premier, qui est celui du mode appelé *croisement continu*, il s'agit de choisir toujours et indéfiniment les mâles reproducteurs parmi ceux du type spécifique de la race que l'on veut implanter sur le lieu de l'opération, pour les accoupler, après la première génération croisée, d'abord avec les femelles métisses qui s'en éloignent le moins, puis avec celles qui s'en rapprochent le plus et qui finissent bientôt par n'en

(1) Loc. cit., p. 98 et suiv.

plus différer du tout. Il est bien rare que ce résultat ne soit pas obtenu, au plus tard, à la quatrième génération. Une sélection attentive des femelles hâte le plus souvent sa venue ; et, en ce qui concerne les caractères secondaires ou les aptitudes, la gymnastique fonctionnelle habilement dirigée la seconde puissamment.

On a quelquefois invoqué l'exemple des applications de ce mode de croisement, particulièrement de celle qui en a été faite avec un si réel succès pour l'implantation de la race mérinos en France et en Allemagne, afin de prouver que des races nouvelles pouvaient être créées par voie de croisement. Un tel argument peut se passer de réfutation. N'est-il pas évident, en effet, que si les mérinos sont *nouveaux venus* en ces pays, leur race n'en est pas moins ancienne pour cela ; si ancienne, qu'on serait bien embarrassé s'il fallait dire au juste où l'avaient prise les Maures qui l'ont amenée en Espagne, d'où les Allemands et nous l'avons tirée ?

Quoi qu'il en soit, voilà le premier mode efficace du croisement, mode précieux, au point de vue économique surtout, pour implanter une race dans un pays nouveau pour elle. Il est précieux, d'abord parce qu'il permet de suppléer par le temps à l'insuffisance du capital, un petit nombre de reproducteurs mâles étant plus facile à payer et même à trouver que tout un troupeau de mères ; ensuite parce qu'il permet de faire marcher de front le développement des aptitudes des métis avec celui des améliorations agricoles indispensables pour que ces aptitudes, qui en dépendent étroitement, soient maintenues.

Nous essaierons de préciser plus loin les cas d'application qui en ont été déjà faits dans notre pays, et ceux qui peuvent encore en être utilement effectués. Parlons maintenant du second mode.

Dans celui-ci, les caractères typiques n'ont rien à voir. Une race locale, peu avancée en aptitudes productives, étant donnée, il s'agit seulement d'en tirer des produits meilleurs, par l'accouplement de ses femelles avec des mâles améliorés au point de vue du genre de production que la situation économique rend le plus avantageux et que la situation agricole permet. Ceci est une entreprise purement industrielle. Les femelles et le mâle amélioré sont le métier à l'aide duquel le fabricant, qui est l'éleveur, transforme les aliments ou matières premières en produits manufacturés, viande ou laine, viande surtout, dans le cas présent. L'habileté consiste à bien choisir le genre de production et à bien combiner les actions des facteurs.

Ce genre d'entreprise zootechnique a l'avantage d'une grande élasticité. Il se prend et il se quitte, suivant l'état du marché, et il se prête à une comptabilité aussi simple que facile. Il a sa place en France dans un grand nombre de situations, et il y est déjà pratiqué par plusieurs de nos plus habiles éleveurs, qui ont le bon sens de préférer la création certaine et solide du capital à celle de la chimère des races nouvelles. dont nous allons maintenant nous occuper.

Métissage. La méthode à l'aide de laquelle cette chimère est poursuivie consiste à faire reproduire entre eux les produits de croisement ou les métis : de là son nom de métissage, qui s'applique également toutes les fois que dans la reproduction le mâle est un métis, la femelle fût-elle pure.

Il y a donc entre le croisement et le métissage, qui sont souvent confondus à tort, cette différence essentielle que, dans le premier, l'accouplement a toujours lieu entre deux reproducteurs de type pur, ou tout au moins le mâle, tandis que dans le second le mâle est toujours un produit de croisement ou un métis, sinon la femelle aussi.

Toute l'école empirique soutient encore, par l'organe de ses représentants les plus autorisés, et avec plus de persistance que de bonheur, que l'on peut ainsi, par la voie d'un métissage dirigé avec une persévérance et une habileté suffisantes, créer des types croisés ou intermédiaires participant à la fois des caractères de leurs deux souches ascendantes, et qui se fixent ensuite dans la succession des générations.

Baudement, dans son enseignement et dans ses écrits, a nié la possibilité de ce fait avec une persistance égale à celle des affirmations dont il était l'objet. J'ai été le premier, je crois, à mettre en évidence, pour ce qui concerne les animaux, l'erreur des observations sur lesquelles s'appuient à cet égard nos adversaires, en analysant ces observations avec la précision que la science comporte.

Pour ne pas sortir de notre sujet, deux tentatives de ce genre, célèbres en France, ont été et sont encore invoquées à l'appui de la doctrine que nous combattons, et qui est en opposition formelle avec les lois naturelles de la reproduction des animaux, telles qu'elles peuvent être déduites de l'observation attentive et rigoureuse des faits. Nous allons les discuter rapidement une fois de plus ici, en remettant ces faits sous les yeux du lecteur.

Il s'agit des prétendues races ovines d'Alfort, ou dishley-mérinos, et de la Charmoise. Il serait superflu de retracer leur historique, que nous avons fait ailleurs complètement. Rappelons seulement que la dernière résulte d'un métissage entre produits du croisement new-kent-berrichon-solognot. Le nom de la première indique assez sa double origine. Le but que s'étaient proposé leurs créateurs, M. Yvart d'une part, et Malingié de l'autre, était, d'un côté, de réaliser un type à la fois producteur de viande et de laine intermédiaire, de l'autre, un type universel pour la meilleure production de la viande. La visée, dans les deux cas, n'était autre que de remplacer le type mérinos, considéré comme ne répondant plus aux nécessités économiques de l'époque.

Si le but économique a été atteint des deux parts, on sait jusqu'à quel point, malgré l'habileté incontestable des initiateurs et de ceux qui leur ont succédé. Néanmoins, toute doctrine bien présentée conquiert en France des partisans. Les deux prétendues races nouvelles ont donc eu et ont encore les leurs, et la doctrine qu'elles affirment a aussi les siens, comme nous l'avons dit plus haut, qui la défendent plutôt avec des assertions obstinées et parfois dédaigneuses, cependant, qu'à l'aide de démonstrations péremptoires.

Pourtant, si la caractéristique au moyen de laquelle nous déterminons les types spécifiques naturels de race était inexacte, comme il est arrivé à nos adversaires de le prétendre en thèse générale, il serait bien facile, je suppose, de le démontrer en plaçant sous les yeux du public qui nous juge une suite d'individus notoirement purs et dont les caractères ne seraient pas identiques sous ce rapport. Il serait facile, par exemple, de montrer, dans la même race exempte de croisements depuis une longue suite de générations, des sujets bra-

chycéphales et des sujets dolichocéphales. Un auteur qui ne
recule point d'habitude devant les affirmations sans preuves,
et qui serait peut-être bien embarrassé s'il était sommé de

Grav. 32. — Bélier dishley-mérinos du
troupeau de M. Pluchet. (Concours régional de Versailles, 1865.)

Grav. 33. — Brebis dishley-mérinos du
troupeau de M. Pluchet. (Concours régional de Versailles, 1865.)

distinguer sur l'heure les deux formes crâniennes, a dit que
cela s'observait ; mais personne, que je sache, ne l'a fait voir
à qui que ce soit.

Au demeurant, on accorde généralement que les individus

Grav. 34. — Bélier dishley-mérinos du
troupeau de M. Pluchet. (Concours régional de Versailles, 1865.)

Grav. 35. — Brebis dishley-mérinos du
troupeau de M. Muret. (Concours régional de Versailles, 1865.)

de même race se ressemblent entre eux, et que le propre de
la race est l'uniformité de la physionomie. Eh bien! nous allons reproduire ici les portraits déjà publiés de béliers et de
brebis des deux prétendues races nouvelles. On jugera de ce

qu'il en est. Les individus représentés n'ont point été choisis
pour les besoins de la cause : ce sont des sujets ayant obtenu
des prix dans les concours régionaux ; ils ont été choisis, par
conséquent, d'abord par leurs producteurs, puis par les jurys
de ces concours, comme étant les produits les mieux réussis

Grav. 36. — Bélier de la Charmoise.
(1er prix, conc. régional de Nevers, 1854.)

Grav. 37. — Brebis de la Charmoise.
(1er prix, conc. régional de Tours, 1858.)

du métissage. A ce titre, leurs caractères ne peuvent manquer d'être probants.

Voici d'abord des dishley-mérinos (grav. 32, 33, 34 et 35).
Au premier coup d'œil, on sera frappé de leurs dissemblan-
ces. Quiconque les verrait, ignorant leur origine, ne pourrait

Grav. 38. — Bélier de la Charmoise.
(1er prix, conc. régional de Blois, 1858.)

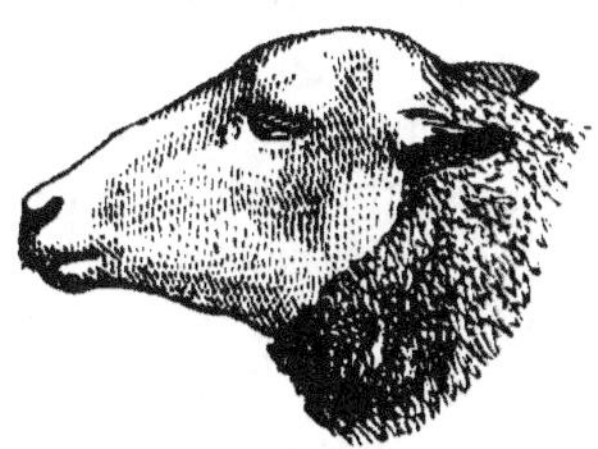

Grav. 39. — Brebis de la Charmoise.
(1er prix, conc. régional de Blois, 1858.)

manquer de dire qu'ils ne sont évidemment point de la même
race. Si l'on analyse ensuite les quatre têtes, en poussant plus
loin l'examen, il devient facile de s'apercevoir que les deux
représentées par les gravures 32 et 35 se rapprochent plus
ou moins des caractères du type mérinos ; celles représentées
par les gravures 33 et 34, des caractères du type dishley,
auquel la dernière est revenue tout à fait.

Passons maintenant aux sujets de la Charmoise (grav. 36, 37, 38 et 39). Ici la démonstration est encore plus évidente, tous les sujets ayant le crâne entièrement chauve. Si les deux premières têtes se ressemblent entre elles et sont même identiques, étant toutes deux également brachycéphales, et s'il en est ainsi pour les deux autres, qui sont non moins évidemment dolichocéphales, par cela même il est également évident que les deux groupes diffèrent l'un de l'autre du tout au tout. C'est que, en comparant les gravures 36 et 37 à la gravure 16, qui représente le type du new-kent, on constatera qu'elles lui sont identiques, de même que l'identité ressortira aussi entre les gravures 38 et 39 et la gravure 22, qui représente le type du berrichon.

D'où il résulte une démonstration de ce fait, qui est la contre-preuve expérimentale de la loi de permanence des types spécifiques naturels, savoir que les produits de métissage, au lieu de se fixer avec les caractères intermédiaires que le croisement leur a donnés, retournent infailliblement à l'un ou à l'autre de leurs types ascendants naturels. La fixité ne leur est acquise qu'à dater du moment où le retour est effectué. Les faits qui semblent contraires à cette loi et que l'on invoque ne sont que des illusions, attendu qu'ils se rapportent à des cas dans lesquels il n'y a point eu de croisement et par conséquent point de métissage, les sujets primitivement accouplés étant du même type.

L'un des plus remarquables, parmi ces faits, est celui qui concerne les prétendus métis durham-hollandais et durham-flamands, dont les deux ascendants sont certainement du même type spécifique de race bovine.

Pour résister à l'évidence d'une telle démonstration, il faut absolument que l'influence d'une doctrine préconçue obscurcisse l'examen des faits, ou même s'oppose à ce que cet examen soit entrepris. Nous sommes sans crainte quant à l'effet qu'elle produira sur les esprits sans prévention, et l'on comprendra fort bien maintenant pourquoi, dans notre description des types de race, nous avons laissé de côté ces prétendues races nouvelles, dont la célébrité ne suffit point à établir la réalité.

Mais si le métissage est impuissant à créer des types nouveaux, comme cela vient d'être, je pense, démontré d'une façon péremptoire, s'ensuit-il qu'il n'ait pas, à la manière du croisement, un rôle industriel en ce qui concerne les moutons?

Il peut se faire que dans une entreprise zootechnique relative à ces animaux, on ait en vue seulement un développement d'aptitudes économiques, pour lesquelles la pureté et l'homogénéité de type ne sont d'aucun intérêt. En industrie, on se trouve parfois dans le cas de faire ce que l'on peut et non point ce que l'on voudrait. Toute la question est donc de savoir si, dans l'état actuel des choses, des cas analogues à celui-là se présentent.

A cette question, je n'hésite pas à répondre, pour mon compte, par la négative. Sans méconnaître les bons résultats obtenus par les éleveurs qui ont effectué chez nous des opérations de métissage, c'est rendre hommage à la grande habileté qu'ils ont dû déployer, de constater l'obstacle énorme qui leur a été opposé par le mode de reproduction qu'ils avaient adopté, et contre lequel ils ont dû lutter sans cesse avec une persévérance qui eût pu être mieux employée. Les résultats qu'ils ont obtenus, sous le rapport des aptitudes, ils les doivent à la gymnastique fonctionnelle. Le métissage ne les a point avancés, s'il ne les a retardés par les nombreux retours en arrière (*Rückschlag* des Allemands) qu'il a produits. Avec les mêmes soins hygiéniques, il leur eût fallu moins de temps, certainement, pour amener au même degré d'amélioration la race la moins avancée, parmi celles sur lesquelles ils ont opéré, reproduite par sélection, et moins encore pour implanter la plus avancée par voie de croisement continu.

Qu'il s'agisse de laine ou de viande, ou des deux à la fois, nous savons maintenant qu'il existe chez nous des sujets arrivés au plus haut degré d'amélioration et qui peuvent être multipliés partout par ces deux derniers moyens. Il y a donc lieu de conclure que le métissage, n'étant plus nécessaire, doit être rejeté absolument.

CHAPITRE VI.

APPLICATION DES MÉTHODES ZOOTECHNIQUES AUX MOUTONS.

Objets de l'application. Les méthodes zootechniques rencontrent des modes d'application dans toutes les circonstances de la vie des troupeaux de moutons. Il faut donc passer en revue ces circonstances diverses, après avoir exposé les principes de leur zootechnie, pour indiquer d'une manière pratique les moyens d'appliquer les méthodes.

Les conditions les plus générales sont celles qui se rapportent à l'habitation et à l'alimentation. Quelque genre de spéculation qu'on adopte dans l'exploitation des moutons, la nécessité première est de les loger et de les nourrir; et pour que le résultat de cette spéculation soit bon, il importe qu'ils soient logés et nourris d'une certaine façon, indiquée précisément par les méthodes zootechniques. C'est donc par là que nous devons commencer. La reproduction ne vient qu'après, parce qu'elle ne concerne que la spéculation de l'élevage, à laquelle les autres conditions déjà signalées ne sont pas moins indispensables; et c'est à l'ensemble de toutes ces opérations que s'applique l'administration des troupeaux, d'après les bases scientifiques précédemment posées.

Ici, pour nous placer sur le terrain de la pratique, nous devons supposer que nous nous adressons à un agriculteur qui, après avoir pris connaissance des notions consignées dans les chapitres précédents, veut entreprendre l'une des spéculations dont les moutons sont susceptibles et la conduire selon les principes de la science, qui doivent la rendre aussi lucrative que possible. Nous avons donc le devoir de lui indiquer avec précision tous les détails de sa conduite.

Ce nous est toutefois une obligation aussi, bien entendu, de lui supposer connues certaines choses générales se rapportant aux objets dont l'emploi seul peut nous occuper. Nous ne pouvons pas songer à faire ici un cours sur l'hygiène des animaux et un autre sur les constructions rurales. Il faudra se borner à cet égard à des indications sommaires et toutes spéciales, en renvoyant, comme nous l'avons déjà fait plusieurs fois, aux traités généraux, et notamment à celui que nous avons nous-même publié sur la zootechnie (1).

I. — HABITATIONS DES MOUTONS.

Modes d'habitation. Les modes d'habitation des moutons en troupeau sont au nombre de deux, adoptés plus ou moins généralement. Le premier, le plus général, est celui qui comporte un local clos et couvert dans l'intérieur de la ferme, et appelé *bergerie*. Le second, toujours temporaire, et usité seulement dans certaines régions, est le *parc*, dans l'emploi duquel on se préoccupe moins de la convenance propre des animaux que de celle de l'exploitation du sol sur lequel ils sont parqués. Le *parcage* est, en effet, en économie rurale, avant tout un mode de fumure des terres.

Nous aurons à voir dans quelle mesure la zootechnie peut s'y prêter. En ce moment, il ne s'agit que d'une énumération.

Bergeries. Deux ordres de raisons contribuent à donner au logement des moutons une grande importance. Par cela seul qu'ils vivent en troupes plus ou moins nombreuses, et qu'ils subissent ainsi l'influence encore mal déterminée, mais néanmoins certaine de l'agglomération, la salubrité des locaux qu'ils habitent est encore plus utile pour eux que pour tous les autres animaux. En outre, les nécessités d'une application complète des méthodes zootechniques à leur entretien et à leur reproduction commandent de les maintenir enfermés durant un temps beaucoup plus long que celui pendant lequel on les y tient généralement, ainsi que nous le verrons.

Pour ces motifs, les bergeries ne sont donc, dans une saine zootechnie des moutons, en réalité autre chose que de simples abris, occupés seulement lorsque les animaux ne peu-

(1) Voy. Iᵉʳ vol., *Hygiène,* p. 244 et 251.

vent pas être conduits sur les pâturages ou sur les champs. Leurs dispositions ont à remplir, pour l'alimentation et pour les autres parties de leur conduite, un rôle de premier ordre, sur lequel on n'a peut-être pas assez insisté. Nous allons essayer de le tracer rapidement, mais d'une manière précise, en indiquant les meilleures formes à donner à ces dispositions.

Nous supposerons qu'il s'agit de construire à neuf une bergerie. On pourra facilement ensuite appliquer à l'appropriation des anciens locaux les dispositions que nous aurons indiquées.

Il importe avant tout d'assurer aux moutons l'espace, l'air et la lumière en aussi grande quantité que possible, dans la mesure de ce qui est compatible avec le maintien d'une température douce en hiver et fraîche en été. Cette condition de température, eu égard au tempérament de l'animal dont il s'agit, est capitale. On ne sait pas assez combien elle influe sur le succès de l'industrie ovine à ses divers points de vue, et quelle est, par exemple, sa part dans la production de l'affection mortelle qui est particulièrement le fléau des mérinos. On comprend que nous voulons parler du sang de rate.

Dans notre climat et avec nos habitudes, il n'y a guère lieu de se préoccuper des inconvénients du froid. La tendance est de tenir les moutons toujours trop chaudement à la bergerie. Ce sur quoi l'observation de ce qui existe doit faire insister, c'est la nécessité de l'aération et de l'espace superficiel, afin que les bêtes soient à l'aise et respirent facilement.

M. Villeroy pense qu'un espace de 10 mètres de côté, soit 100 mètres carrés de superficie, est suffisant pour loger cent brebis, en assurant à chacune un demi-mètre courant de râtelier, à la condition que les quatre côtés en soient garnis et qu'un râtelier double soit placé au milieu. Cela ferait en tout 60 mètres; mais il faut en déduire 2 mètres pour la porte, 4 mètres pour les coins et 4 mètres pour les extrémités du râtelier double du milieu, à chacune desquelles la circulation doit être laissée libre. C'est donc, en définitive, 50 mètres pour les 100 bêtes, soit en effet 0^{m}50 pour chacune.

On peut avec avantage adopter ces bases, à la condition d'une élévation suffisante pour assurer un renouvellement

constant de l'air, sans que le courant soit sensible aux animaux.

La meilleure manière d'atteindre le but est d'adopter le
mode de construction que nous avons déjà décrit ailleurs, et
qui « consiste en une sorte de hangar carré ou rectangulaire,
formé sur ses quatre faces par des pilastres pour supporter
la charpente et par des murs à hauteur d'appui seulement.
De cette façon, il est possible de ménager à volonté l'air et le
soleil, au moyen de cloisons en paillassons, en claies ou en
planches, qui se placent entre les pilastres et suivant les nécessités. On règle ainsi l'aération et l'insolation d'après les
circonstances, pour avoir à l'intérieur une température conve-

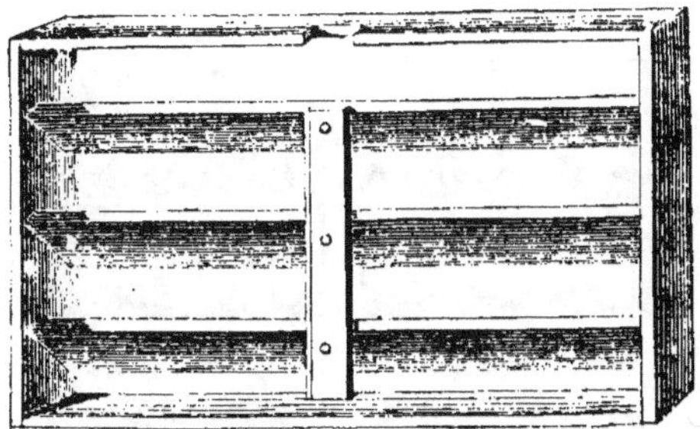

Grav. 40. — Persienne ouverte de bergerie.

nable, ce qui n'est pas toujours possible avec des murs pleins
et seulement percés de fenêtres. »

Dans le cas de ceux-ci, c'est-à-dire lorsqu'il s'agit de tirer
parti de bâtiments existant déjà dans la ferme, ou de se
conformer à l'ensemble d'un plan de construction (dans lequel, il faut bien le dire, les nécessités hygiéniques sont le
plus souvent sacrifiées au coup d'œil), il faut du moins laisser
entre le sol et le plafond de la bergerie une hauteur suffisante,
qui ne peut pas être moindre de 5 mètres, et percer les
fenêtres en grand nombre, dans les régions supérieures des
murs, en leur donnant plus de largeur que de hauteur. On
les munira utilement de persiennes (grav. 40 et 41) qui peuvent être fermées du côté d'où viennent le vent et la pluie, et
aussi durant les grands froids.

La meilleure forme à donner aux portes est celle recommandée par M. Villeroy. Elle est d'une seule pièce, de 2 mètres de largeur, et au lieu de tourner sur des gonds, elle glisse sur des rails. Elle vient se placer ainsi devant l'ouverture, dont les montants doivent être toujours arrondis, pour que les moutons ne s'y blessent point en sortant.

Le sol de la bergerie, imperméable, doit être plus bas que celui du dehors, afin que le fumier des moutons puisse s'y accumuler. Je crois qu'il est toujours bon d'éviter de mettre aucun fourrage au-dessus du plafond d'une bergerie, à moins que celui-ci ne soit plâtré. S'il est formé d'un plancher mal joint, ou de claies, comme on en voit parfois, la poussière et les débris qui en tombent nuisent aux toisons, et les émanations de la bergerie nuisent aux fourrages.

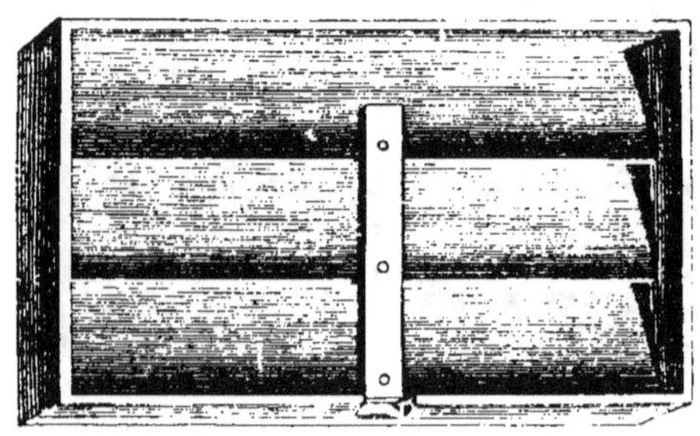

Grav. 41. — Persienne fermée de bergerie.

En raison de l'accumulation du fumier sur le sol, il est nécessaire que les râteliers puissent être élevés progressivement, afin de se trouver toujours à un niveau convenable. On adopte pour cela des râteliers mobiles, auxquels plusieurs dispositions ont été données. En voici deux (grav. 42 et 43); la dernière est celle employée par M. Villeroy, dont la vieille expérience mérite toute considération.

Les dispositions précédentes suffisent pour une bergerie simple, qui ne doit loger que des bêtes d'une seule et même catégorie. Mais un troupeau d'élevage, par exemple, se compose de différents groupes d'individus qui, pour être soumis au régime qui convient à chacun de ces groupes, doivent être séparés. Nous emprunterons, à ce sujet, la description donnée par M. Villeroy de sa bergerie du Rittershof.

« J'ai fait, dit-il (1), une bergerie de la réunion de quatre étables, dont l'ensemble forme dans la ferme un long bâti-

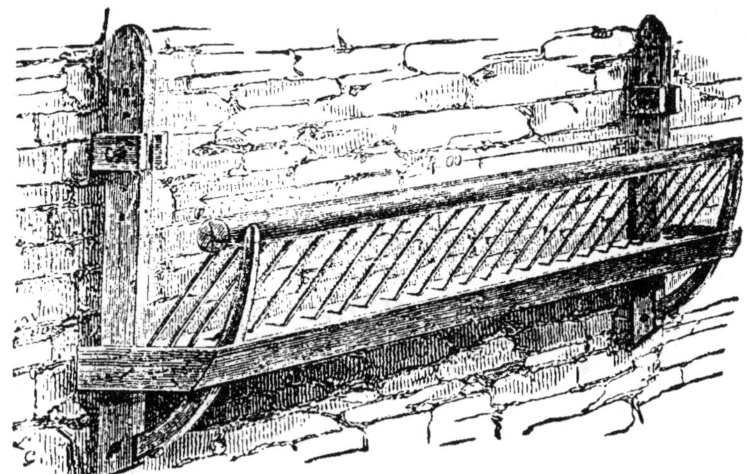

Grav. 42. — Râtelier mobile de bergerie.

ment isolé de tous les autres, et dans chaque mur de séparation des quatre étables primitives j'ai percé deux portes, de

Grav. 43. — Râtelier mobile de bergerie.

manière que de chaque côté on voit d'une extrémité à l'autre, et la communication est facile.

(1) *Manuel de l'éleveur de bêtes à laine*, p. 116.

« La première de ces grandes bergeries est divisée en trois parties par des cloisons en bois, hautes de 1 mètre 30. Elle contient d'abord l'emplacement où on jette le foin du grenier, où l'on coupe les racines et prépare le fourrage que reçoivent les bêtes. Les deux autres parties sont, l'une pour les béliers, l'autre pour les brebis le jour où elles agnèlent, et dans celle-ci il y a encore quatre petites cases où l'on peut enfermer des brebis qui ne veulent pas laisser téter leurs agneaux.

« Dans les autres bergeries, à l'époque de l'agnelage, on peut encore faire des divisions avec des claies de parc. Le fourrage est au-dessus des bergeries. Dans chacune il y a une porte et quatre fenêtres, dont deux devant, à l'exposition du sud, et deux au fond, au nord. On bouche ces dernières avec des bottes de paille, lorsque le temps est froid, à l'époque de l'agnelage. Celles de devant restent toujours ouvertes, et jamais, en entrant dans la bergerie, on ne sent qu'il y fait trop chaud ou que l'air est vicié. Si j'avais à construire une bergerie neuve, je la construirais sur ce modèle; seulement, au lieu des murs de séparation que j'ai trouvés ici, je ferais de minces murs en briques, hauts seulement de 1ᵐ40.

« Les portes intérieures ne sont que des demi-portes, hautes de 1ᵐ20; elles sont à deux battants et se ferment par une latte qui tourne au milieu de sa longueur sur un pivot, et qui s'arrête à ses deux extrémités dans deux crochets en fer fixés sur chacun des battants de la porte.

« Les meubles de la bergerie sont : un coffre à avoine, avec un crible et deux mesures, l'une de 1 litre, l'autre de 5 litres; un coupe-racines; une auge dans laquelle on fait les mélanges; une caisse oblongue à deux poignées avec laquelle on distribue le fourrage coupé dans les mangeoires : elle contient environ 20 litres ; deux seaux, une bêche à couper le foin, un râteau et un balai pour nettoyer devant la porte de la bergerie, une fourche pour secouer le foin, une lame fixée à un pilier pour couper la paille. »

Il est bon que la chambre du berger soit attenante à la bergerie et qu'elle ait vue sur l'intérieur de celle-ci, afin que la surveillance puisse s'exercer commodément. Cela est surtout nécessaire à l'époque de l'agnelage. C'est dans cette chambre, tenue avec ordre, que doivent se trouver, dans une armoire, les ustensiles à l'aide desquels le berger tient note exacte des faits qui se passent dans le troupeau, les instruments de petite chirurgie et les médicaments usuels qui permettent de parer aux nécessités urgentes. Il est d'une bonne politique de disposer toutes choses, dans cette chambre, pour que le berger s'y plaise. Le troupeau s'en trouve toujours mieux ainsi.

Parc. On appelle parc une clôture mobile, formée de claies légères et portatives, diversement confectionnées, qui,

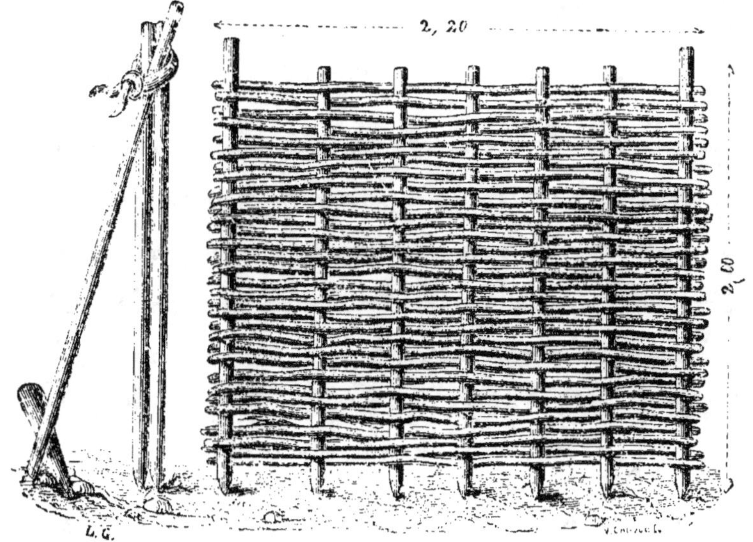

Grav. 44. — Clayonnage de parc.

une fois placées sur un champ, y circonscrivent un espace plus ou moins grand sur lequel le troupeau passe la nuit. L'action de faire ainsi séjourner un troupeau sur la terre labourée se nomme *parcage*.

Le parcage est une opération plutôt agricole que zootechnique, dont le but est la fumure des terres. On fait séjourner les moutons dans le parc, pour qu'ils y déposent leurs déjections, et l'on attribue à ce mode de fumure des avantages qu'il ne nous appartient pas d'examiner ici; nous devons nous borner à envisager le sujet exclusivement au point de vue des effets du parcage sur les animaux. Auparavant, donnons quelques indications sur les manières dont il se pratique.

Les clayonnages (grav. 44) ou les claies en lattes (grav. 45), plus souvent employées, sont assemblés bout à bout et fichés en terre au moyen de pieux, de manière à circonscrire un espace en rapport avec l'effectif du troupeau. On estime généralement que chaque mouton de moyenne taille peut parquer utilement en une nuit 1 mètre carré superficiel. Le parc doit donc avoir autant de fois 1 mètre carré de superficie qu'il renferme de moutons.

La largeur de chaque claie étant connue, il est facile de calculer, par le nombre des claies employées, l'étendue à donner au parc. La figure de celui-ci doit être un carré par-

Grav. 45. — Claie de parc en lattes.

fait. M. Villeroy fait remarquer que si, avec 16 claies de 3 mètres chacune, on en place 4 sur chacun des quatre côtés, on circonscrit ainsi un espace de 144 mètres carrés ; tandis que si l'on forme un carré long avec 5 claies sur chacun des deux grands côtés et 3 sur chacun des deux petits, on n'a plus, de cette façon, que 135 mètres superficiels dans l'intérieur du parc. C'est exact, et le calcul est facile à vérifier. Dans le premier cas on a : $3 \times 4 = 12 \times 12 = 144$; dans le second : $3 \times 5 = 15 \times 9 = 135$. C'est donc 9 mètres carrés parqués en moins pour le même matériel employé.

Dans certaines localités du Midi, les claies sont remplacées par un filet en corde de sparte. Ailleurs, on emploie des clôtures en fil de fer. Mais dans les régions où le parcage est le plus répandu, dans la moitié septentrionale de la France et dans les états de l'Allemagne du sud, notamment dans la Bavière rhénane et dans le Wurtemberg, les claies légères en lattes sont les plus usitées.

Partout le parc est accompagné d'une cabane roulante, pour servir d'abri au berger. Elle est à quatre ou à deux roues, et elle contient, en outre du matelas sur lequel celui-là se couche, les ustensiles et instruments nécessaires pour installer le parc et pour soigner les moutons, en cas de besoin.

Nous laisserons aux agronomes le soin de décider si le parcage est bien réellement le meilleur moyen d'utiliser, durant la saison où il se pratique, l'engrais des moutons. Le principal argument invoqué en sa faveur est l'économie des frais de transport du fumier, qu'il procure pour les terres éloignées de la ferme. On parle aussi du tassement que le séjour des moutons produit sur les sols légers.

Pour cette dernière fonction, ils peuvent être avantageusement remplacés par le rouleau. Quant à l'autre économie, il s'agirait d'abord de savoir si elle n'est pas plus que compensée par une moindre production d'engrais. C'est ce qui n'a jamais, que je sache, été vérifié expérimentalement. Mais le parcage a, au point de vue zootechnique, des inconvénients que rien, à mon avis, ne saurait compenser et qui doivent décider les agriculteurs progressifs à y renoncer complètement.

Sans parler des difficultés de la surveillance, chose essentielle pour les troupeaux de quelque valeur, et qu'il rend à peu près insurmontables dans tous les cas, on est généralement d'accord, en premier lieu, pour reconnaître qu'il nuit aux toisons, par cela seul qu'il oblige les moutons à se coucher sur la terre labourée, où leur laine se salit et se durcit. Cette raison devrait être suffisante pour y faire soustraire d'abord tous les mérinos, ne fussent-ils considérés que comme producteurs de laine. Il les expose en outre aux intempéries, aux orages, qui non seulement altèrent directement la toison, mais encore, en détrempant le sol, font que la terre souille encore plus la laine. Il est vrai qu'on a imaginé, pour parer à cet inconvénient, des parcs-abris; mais leur complication et leur prix ne seraient d'ailleurs guère faits pour engager à les adopter.

La principale raison, à nos yeux, parce qu'elle est la plus générale, de renoncer à l'usage du parcage, c'est que cet usage est dans une forte mesure incompatible avec les réformes qu'il y a lieu d'introduire dans le régime alimentaire des moutons, surtout dans les régions où il est le plus pratiqué. Ces réformes, nous n'avons pas besoin d'y insister en ce moment : elles vont être indiquées tout à l'heure, à propos des applications spéciales de la gymnastique fonctionnelle, dont les habitations ne sont qu'un mode en quelque sorte passif.

II. — ALIMENTATION DES MOUTONS.

Modes d'alimentation. Une distinction, qui n'a pas été nettement faite par les auteurs, est nécessaire d'abord, quand il s'agit d'étudier les manières d'alimenter les moutons, en vue d'en tirer le meilleur parti possible. Suivant l'usage, on a toujours trop envisagé la question d'une façon absolue.

L'exploitation des moutons est avant tout subordonnée aux systèmes de culture. Il ne faut pas oublier qu'envisagés au point de vue général de l'économie rurale, les animaux sont principalement des consommateurs de fourrages, et que l'on n'a point la liberté de choisir à ce titre les uns plutôt que les autres, sauf à rompre les harmonies économiques, en dehors desquelles il n'y a pas de profit durable. Par conséquent, si l'on veut rester dans les conditions de ce profit, le choix est commandé par l'aptitude du sol, qui détermine elle-même la nature des fourrages produits.

C'est là un premier point d'une très-grande importance, en vertu duquel il y a bien réellement, dans chaque pays, des régions où les moutons dominent et doivent dominer dans le bétail de la ferme, d'autres où ils sont absents ou presque absents. Les conditions de la meilleure alimentation des moutons, que nous indiquerons, feront voir suffisamment pourquoi il en est ainsi.

La principale raison de l'exploitation des moutons se tire de l'étendue et de la nature des pâturages dont les animaux peuvent être seuls de bons consommateurs. Aussi le mode d'alimentation au pâturage est-il le plus répandu et même presque général. Cependant, le but du progrès est de substituer le plus possible le régime des bergeries à celui des pâturages, c'est-à-dire d'assurer une intervention plus directe et plus complète des méthodes zootechniques par le réglement de l'alimentation. L'amélioration des aptitudes serait bien difficile sans cela ; car il faut être persuadé, contrairement à ce qui a été si souvent enseigné, que les méthodes de reproduction n'ont qu'un rôle secondaire dans cette amélioration. Elles l'étendent et la confirment ; elles ne la produisent pas.

C'est donc à faire vivre les moutons de plus en plus à la bergerie, à les y nourrir de plus en plus, du moins, qu'il faut tendre, surtout lorsqu'il s'agit des troupeaux d'élevage. Mais il y a une réserve à faire explicitement et expressément, pour les situations dans lesquelles la culture extensive est encore une obligation. Là, ainsi que nous le verrons, les moutons exploités d'une certaine façon fournissent le meilleur moyen de tirer un bon revenu de la puissance productive naturelle des terres.

Nourriture au pâturage. Nous posons en principe que l'exploitation scientifique des moutons, celle qui permet d'en tirer le parti le plus lucratif, commande de ne considérer pour eux le pâturage que comme un très-faible accessoire dans leur alimentation, surtout comme un moyen de leur faire prendre un peu d'exercice au grand air, dans l'intérêt de la conservation de leur santé, surtout dans nos climats, où les étés sont parfois très-chauds et les hivers très-froids. Le développement précoce, que nous avons admis comme la condition du plus fort rendement en viande et en laine, pour tous nos types spécifiques, n'est point compatible avec l'exercice des fonctions de relation qu'exige pour l'animal la recherche d'une alimentation complète au pâturage, quelque soin qu'on prenne de l'assurer toujours abondant, même par la culture.

Mais on ne saurait se dissimuler qu'entre le principe ainsi formulé et le fait actuel, il y a une distance qui sera sans doute longue et difficile à franchir. Il convient donc d'agir en conséquence et d'indiquer, en faisant toutes réserves pour l'avenir, le parti le plus sage à tirer de la situation présente.

Il y a des régions entières où le système pastoral est encore général et exclusif. Ainsi en est-il, par exemple, dans les pays méridionaux. Les troupeaux y passent la saison d'hiver sur les pâturages de plaines et dans les vallées. Au commencement de l'été, ils sont conduits à des altitudes moyennes, sur les Alpes et sur les Pyrénées, où la sécheresse et les chaleurs excessives sont inconnues. C'est là ce qu'on appelle le régime de la transhumance, à peu près général pour les mérinos d'Espagne et pour ceux du midi de la France, qui ne peuvent être, à ce régime, que de bien médiocres producteurs de viande.

Partout ailleurs, le moindre défaut du régime exclusivement ou presque exclusivement pastoral est de s'opposer à l'amélioration de l'aptitude à cette production, qui, dans l'ordre des choses économiques, est devenue l'essentielle pour les moutons, comme nous l'avons établi. Mais il a, en ce qui concerne les mérinos particulièrement, dont l'importance numérique est si grande en France, un inconvénient qui mérite de fixer l'attention au plus haut degré.

Nul n'ignore les ravages que fait, dans les troupeaux de mérinos, en Beauce, en Brie, en Bourgogne et ailleurs, la terrible maladie appelée sang de rate. Il n'est plus guère permis de douter que les sévices de cette maladie, qui causent de si grandes pertes à l'agriculture, soient dus au régime pastoral auquel ils sont trop exclusivement soumis, surtout durant les étés où la sécheresse se prolonge un peu, sur les plateaux calcaires de ces régions. Il est certain que dans les fermes où les mérinos, améliorés par un régime alimentaire mieux entendu, ne vont que peu sur les pâturages, le sang de rate est inconnu. Je l'ai, pour ma part, constaté plusieurs fois. Ce devrait être, pour les éleveurs, une raison péremptoire de réformer leur mode d'exploitation des moutons mérinos. Ils demandent à grands cris à la science des moyens curatifs de la maladie. Ces maladies-là, qui sévissent comme la foudre, ne se guérissent pas : elles se préviennent. Et ici le moyen préventif a le remarquable avantage d'assurer en même temps une exploitation plus lucrative des animaux.

Sous le bénéfice des remarques précédentes, nous allons donner les indications que comporte la meilleure consommation des pâturages naturels. Nous ne saurions mieux faire que de les emprunter à Lefour, qui était à la fois un agronome et un ancien praticien. « Ceux qui conviennent aux moutons, dit-il (1), sont, en général, les pâturages élevés, à herbe courte, sur terrain sec et imperméable tel qu'un terrain sablonneux, sablo-argileux, bien égoutté, calcaire, pierreux.

« Les pâtures où le mouton réussit rarement sont celles des vallées ou terrains bas, imperméables, plus ou moins humides ou marécageux, à sous-sol imperméable.

« Sous le rapport géologique, les pâtures où le mouton paraît mieux se plaire sont celles qui reposent sur les sols crayeux de la Champagne ; les grands plateaux ou collines de l'oolithe, tels qu'on en rencontre dans la Côte-d'Or, la Haute-Marne, les Vosges ; les grandes causses ou plateaux calcaires de l'Aveyron, du Lot ; les calcaires alpins des départements de l'Isère, des Hautes et Basses-Alpes, etc.; quelques plaines à sous-sol calcaire, telles que la Beauce, le Gatinais, etc.

« Les pâturages naturels à moutons varient de valeur dans une assez grande limite ; ceux du dernier rang ne peuvent plus même être utilisés souvent que par des chèvres. Telles sont certaines cimes abruptes des Hautes-Alpes, des Pyrénées, de l'Ardèche, de l'Hérault, etc.; la plaine pierreuse de l'Au-roc et les coteaux des Alpines rentrent dans cette catégorie.

« Viennent ensuite les pâturages des landes, qui, dans le Midi, prennent le nom de garrigues, et se composent de broussailles, de chênes kermès, de romarin, lavande, etc.; et, dans le centre est de la France, de bruyères, de genêts épineux. Cette classe de pâtures est inférieure, du reste, pour la salubrité, aux garrigues, essentiellement favorables aux moutons, mais dont la valeur est singulièrement réduite par la chaleur du climat. Les bois forment un médiocre pâturage pour les moutons, surtout quand ils sont très-couverts et remplis de broussailles ; l'herbe est de mauvaise qualité,

____

(1) *Le Mouton*, p. 249.

et la laine des toisons est arrachée par les épines. Les bois d'arbres verts, tels que pins et sapins, convenablement aménagés, fournissent cependant des ressources utiles au pâturage.

« Nous plaçons ensuite les pâtures de montagne, des causses, les pâturages de l'Isère et des Alpes ; à un degré supérieur viennent les pâtures naturelles que le mouton trouve dans quelques friches qui subsistent encore dans la Bourgogne, la Champagne, etc. Enfin, les prairies naturelles, plus spécialement consacrées à l'espèce bovine, reçoivent également, comme dans la Normandie, le Charolais, des moutons pour y être engraissés.

« A l'automne ou dans le premier printemps, on fait quelquefois passer les moutons sur les prairies, soit après la coupe des regains, soit avant que l'herbe commence à entrer en pleine végétation. Le pâturage d'automne des prairies ou des herbages par les moutons ne paraît pas nuisible lorsqu'on ne les fait pas brouter trop au vif : le tassement même du sol, par le piétinement, produit un effet salutaire ; mais il n'en est pas de même du déprimage ou de la pâture par les moutons au printemps, qui, suivant que l'année est plus ou moins humide ou sèche, que le pâturage est plus ou moins prolongé, peut amener une diminution sérieuse dans le produit de la fauchaison.

« Le nombre des moutons que peut supporter un pâturage, par hectare, dépend de la nature de ce pâturage, de sa fertilité, de l'espèce qu'on veut y mettre, du but qu'on se propose dans la spéculation, du mode d'aménagement, telles que l'entrée en pâture, la division en enclos successivement occupés, etc. Il est donc difficile de déterminer *à priori* le nombre de moutons qu'on mettra sur un pâturage ; on a, d'ailleurs, à cet égard des données locales fournies par l'expérience ; s'il s'agissait de calculer certains pâturages temporaires, tels que jachères, chaumes, regains, etc., on trouverait la même incertitude ; on peut toutefois, pour établir ses prévisions, baser ses calculs sur le rendement présumé du pâturage en valeur de foin. On détermine de la même manière l'espèce de moutons qu'on veut y mettre et la nourriture journalière qui sera nécessaire à chaque animal, suivant le but qu'on se propose dans son entretien ; on spécifie alors le nombre des moutons qu'on peut mettre, soit pendant toute la saison, soit pendant un certain temps. Weckherlin donne comme modèle de ce genre de calcul une expérience faite à Hohenheim. Les pâturages à livrer aux moutons se composaient de 24 hectares de gazon artificiel dont le rendement était estimé de 6 quintaux de foin, soit 144 quintaux ; de 140 hectares de chaumes et jachères, estimés 2 quintaux et demi pour la jachère et 59 kilog. pour les chaumes, soit 420 quintaux ; de 12 journaux de prairie à 27 quintaux, soit 304 quintaux ; de 3 hectares 5 de verger, chemins à gazons, de 27 quintaux, ci 74.50 quintaux ; de 42 hectares de prairies sur pâture au printemps, à 4 quintaux par hectare, ci 168 quintaux ; 25 hectares de chemins, cours, fossés, etc., dont la moitié seulement comme pâturage naturel, soit 12 hectares 5 à 150 kilog., ci 187 quintaux.

« En calculant à raison de 2 livres de foin par tète pendant deux cent dix jours que dure ordinairement chaque année la saison de pâture, on aura pour chaque mouton 210 kil., nombre par lequel on divisera les 1,297 kil., ce qui donnera 618. »

Interrompons la citation pour faire remarquer que ce calcul, par son exactitude même (réserve faite de la somme d'incertitude qu'il comporte), est une excellente preuve du défaut capital de l'entretien exclusif des moutons au pâturage, considéré en général. En effet, cette valeur équivalente de 2 kil. de foin est la quantité la plus forte d'aliments que les animaux y puissent consommer. Or, nous verrons qu'en principe, les moutons produisent toujours en raison de ce qu'ils consomment, et que c'est toujours une bonne pratique économique de les exciter à la consommation par une nourriture variée et préparée de telle sorte que leur appétit soit stimulé. Le régime des pâturages ne s'y prête que dans une très-faible mesure, qui va être indiquée en continuant de citer le même auteur.

« Un bon aménagement du pâturage, poursuit-il, peut en augmenter beaucoup les ressources ; on devra, par exemple, ne pas trop le surcharger et lui laisser des intervalles de repos, afin que l'herbe reprenne plus de vigueur : on choisira dans ce but les moments où on peut profiter d'autres ressources. Il est bon d'avoir en réserve un pâturage suffisamment garni d'herbes pour qu'il puisse, par exemple, en cas de mauvais temps, permettre aux moutons de se rassasier promptement pour être ramenés à la bergerie; on ne doit pas cependant abuser de ces pâturages et y laisser trop souvent le troupeau, dont les excréments finiraient par le fumer au-delà de toute mesure, et y détermineraient une végétation trop luxuriante, peu favorable au mouton et peu recherchée par lui.

« La répartition des bêtes du troupeau en divers lots auxquels on attribue différents pâturages, suivant leur nature, est très-importante. Cette répartition se fait ordinairement d'après les principes suivants : les agneaux doivent avoir la meilleure herbe, celle d'une digestion plus facile; les béliers et les mères, ayant à fournir à la fois à la reproduction et à la croissance de la laine, recevront une nourriture moins délicate, mais relativement aussi abondante et substantielle. Les moutons qu'on entretient seulement pour la laine » (il ne doit plus y en avoir) « seront moins exigeants; néanmoins, la nourriture devra être suffisante et salubre. Les animaux d'engrais recevront en abondance une nourriture riche en principes nutritifs et pour laquelle le principe de salubrité est moins rigoureux, ces animaux devant être livrés à la boucherie après un temps très-court.

« D'après ces principes, les pâturages qu'on donnera à ces différentes classes se différencieront de la manière suivante :

« 1º Aux agneaux, les pâtures les plus rapprochées, ayant une herbe courte et épaisse, d'une digestion facile; ces prairies doivent encore être situées sur un sol sain, pas trop sec cependant; 2º pour les béliers et les mères, on conservera un pâturage rapproché et assez riche et salubre, pour les mères surtout; 3º les agneaux gris et les antenais pourront être envoyés sur des prairies passables assez éloignées, sur terrain sec, ayant une herbe courte et nourrissante; on y mettra également les moutons qui auraient besoin de se refaire; 4º les moins bons pâturages et les plus éloignés de l'habitation seront réservés pour les moutons qui ne sont pas à l'état d'engrais; enfin, les pâtures grasses, humides, peuvent être livrées à des moutons d'engrais et à des brebis qui n'ont pas porté.

« Le nombre des animaux à répartir dans chaque troupeau pour être confiés à un berger doit être tel que les animaux puissent être facilement conduits et surveillés, puissent en même temps pâturer à l'aise sans trop piétiner le pâturage. Lorsqu'on doit passer dans des chemins étroits, au milieu de champs étrangers difficiles à garder, les troupes seront moins nombreuses; elles seront également en rapport avec l'étendue des pâturages, à moins que ceux-ci ne soient enclos et ne réclament pas la présence d'un berger. Les troupes doivent s'élever à un certain chiffre pour économiser les frais de garde; sous ce rapport, on les fait descendre rarement, dans la grande culture, au-dessous de 150 têtes, et on ne dépasse pas 4 à 500. Il ne peut être ici question des petites troupes de 8 ou 10 bêtes ; on en rencontre quelquefois, conduites par les enfants, dans les pays de propriétés morcelées : c'est un élevage misérable dont nous ne devons pas nous occuper.

« L'époque du pâturage varie évidemment suivant le climat. Dans le sud de l'Europe, les moutons ne rentrent que très-peu de temps à la bergerie; il en est de même des contrées plus au nord, mais à température hivernale plus douce, comme l'Angleterre, dont les races souffrent moins d'ailleurs que le mérinos de l'influence de l'humidité. Dans le centre et le nord de la France et de l'Allemagne, l'hivernage des moutons est plus prolongé.

« Pendant les belles journées d'hiver, on laisse sortir les moutons pendant quelques heures, mais ce n'est qu'au printemps qu'on commence sérieusement la pâture. L'herbe nouvelle, encore aqueuse, convient peu au mouton, le nourrit moins; il y a donc de l'avantage à attendre qu'elle ait pris un peu plus de consistance; d'un autre côté, en commençant le pâturage trop tôt, on s'expose à voir survenir la température d'hiver, ce qui force à remettre le mouton au fourrage sec, qu'il refuse quelquefois.

« Dans les plaines du centre et du nord de la France, le pâturage commence quelquefois en mars, mais plus fréquemment en avril.

« Lorsqu'on commence de bonne heure, on donne aux

moutons du fourrage sec à la bergerie avant leur sortie ; l'estomac du mouton éprouve ainsi moins d'inconvénients par l'ingestion d'une herbe fraîche et quelquefois humide : c'est du reste un moyen de passer insensiblement de la nourriture verte à la nourriture sèche.

« Le pâturage se prolonge, suivant les localités, jusqu'au milieu et même à la fin de novembre ; sa durée se trouve ainsi, dans les régions tempérées de la France et de l'Allemagne, de 170 à 180 jours.

« Les moutons et les brebis qui n'ont pas porté, ainsi que les troupeaux communs, peuvent supporter un pâturage plus prolongé. Des considérations particulières, telles que les regains, des fanes de betteraves ou de navets, des navets même à utiliser sur place, déterminent quelquefois une prolongation du pâturage, surtout quand les ressources fourragères sont minimes.

« C'est surtout pour la conduite du troupeau au pâturage que le concours d'un berger capable est essentiel ; lui seul peut profiter des ressources du pâturage et les répartir avec soin, évitant, suivant la température et l'état de l'atmosphère, les endroits nuisibles soit par l'humidité, soit par la nature et l'exubérance des plantes qui s'y trouvent ; choisissant, au contraire, les parties saines dans les temps humides, il ménage l'herbe et limite les espaces sur lesquels peuvent s'étendre les moutons ; leur fait d'abord tondre de plus près les parties broutées avant de les faire entrer dans l'herbe fraîche. Il a également soin de tenir ces animaux suffisamment écartés. Il sait à quelle heure il doit les rentrer à la bergerie, quand il doit les conduire en des endroits plus ou moins éloignés. Il sait éviter la poussière des chemins, qui salit, dessèche et dégraisse la laine en même temps qu'elle fait souffrir le mouton ; il évite avec le même soin les terrains ferrugineux, marécageux, tourbeux, insalubres, quand ils sont humides, et qui nuisent, quand ils sont secs, à la laine, par la poussière noire qu'ils y déposent.

« Le berger doit disposer les choses de manière à pouvoir, pendant la saison chaude, faire reposer ses moutons de 10 à 11 heures du matin, et vers 3 ou 4 heures de l'après-midi. Quand l'éloignement de la bergerie ne permet pas d'y rentrer, il place ses moutons à l'ombre, sous un abri ou sous un groupe d'arbres. Dans les pâturages éloignés, il est possible d'établir à peu de frais des hangars-bergeries qu'on utilise pour cet objet. »

Certaines plantes sont considérées par le vulgaire comme nuisibles aux moutons, auxquels elles donneraient la maladie appelée pourriture. Elles sont diversement dénommées, suivant les localités. Les principales appartiennent au genre des renoncules. Les propriétés qui leur sont ainsi attribuées expriment un préjugé, qui n'est cependant pas sans fondement, si l'expression en est fautive. La vérité est que ces plantes ne croissent que sur les terrains humides et malsains, où les moutons ne doivent pas, en effet, être conduits. Leur présence en est un indice bon à prendre en considération, mais elles ne suffiraient point toutes seules pour produire la maladie dont il s'agit. Celle-ci est le résultat de toutes les conditions d'insalubrité dans lesquelles se trouve le sol qui est le plus favorable à leur croissance, conditions qui exigent un assainissement par des saignées profondes ou mieux par le drainage.

Voilà quelles sont les prescriptions pour la meilleure conduite des moutons au régime du pâturage. Ce régime, ainsi que nous l'avons dit en commençant, et pour les raisons que nous avons exposées, doit être réduit le plus possible dans l'exploitation scientifique des troupeaux, des troupeaux d'élevage du moins. Toutefois, dans l'état actuel de l'économie rurale, il y a encore des situations assez nombreuses où le système obligé de la culture extensive laisse des friches dont les herbes ne peuvent être utilement consommées qu'en les donnant en pâture à des moutons choisis d'une certaine façon.

Durant le temps où la terre, abandonnée à sa puissance naturelle, se couvre d'herbes plus ou moins nutritives, soit entre le moment où la récolte a été enlevée et celui des labours d'automne, soit pendant l'année de jachère, les moutons y trouvent de quoi se mettre en bon état d'embonpoint, sinon de quoi s'engraisser, en même temps qu'ils fertilisent le sol par les déjections qu'ils y déposent. Achetés maigres, puis revendus lorsque leur séjour sur le pâturage les a mis en état, le bénéfice de la différence entre le prix d'achat et le prix de vente, déduction faite des frais de garde, de l'intérêt du capital engagé et de la quote-part des frais généraux, représente le revenu tiré de la terre par ce moyen. Or, l'expérience a fait voir en plusieurs endroits que ce revenu est alors considérable, par rapport surtout à la faible valeur du capital foncier soumis au système extensif. Mais il importe de n'entreprendre une telle spéculation qu'à l'aide des consommateurs peu difficiles de la localité, de la race locale, dont les aptitudes sont en rapport avec les ressources qui peuvent leur profiter. Il ne s'agit pas là d'améliorer le bétail; il s'agit seulement de l'utiliser au mieux de son intérêt.

Sur les fortes terres du Poitou, par exemple, qui se couvrent si facilement de bonnes herbes après la moisson, il y aurait, jusqu'à l'automne, de quoi engraisser une vingtaine de moutons par hectare, qui produiraient environ chacun 5 fr. de bénéfice brut. Cela vaudrait bien, on en conviendra, la peine de s'en occuper.

Nourriture à la bergerie. C'est par le régime de la bergerie que s'applique complètement la méthode zootechnique appelée gymnastique fonctionnelle. Celui du pâturage exclusif, durant toute la saison délimitée plus haut, ne lui peut être favorable en aucune façon. L'engraissement des moutons n'étant en outre, comme entreprise industrielle, qu'une des conséquences nécessaires de l'amélioration de leurs aptitudes, il est logique que nous nous en occupions en même temps, au lieu d'en faire l'objet d'un chapitre à part, comme c'est la coutume. Tout mouton élevé d'après les principes de la science doit être nourri de façon à ce qu'il puisse figurer avantageusement sur un marché de bêtes grasses, dès qu'il a atteint l'âge où son développement est achevé.

Cela simplifie considérablement, on s'en apercevra, les questions de quotité des rations alimentaires, sur lesquelles on s'est livré à tant de calculs parfaitement oiseux. La véritable économie des fourrages ne consiste point à les mesurer aux animaux qui les consomment, lorsque ces animaux sont eux-mêmes avant tout des producteurs de matières alimentaires, du moment qu'il est prouvé que ceux-ci produisent toujours, à la condition qu'ils soient dans de bonnes conditions, en raison de leur consommation ; cette économie consiste seulement à les administrer de façon à ce qu'ils puissent être consommés en aussi grande abondance que possible. Plus les moutons sont nourris, plus ils rapportent. Ce n'est donc pas, dans l'étude des rations, la quotité, mais bien la qualité qui importe.

Il nous est absolument impossible de prendre au sérieux les résultats des expériences et des calculs qui ont pourtant coûté tant de peine à leurs auteurs et qui attestent tant d'efforts, de la part de ceux-ci, pour essayer de déterminer les rations d'entretien et de production pour les divers genres de produits. Ces recherches pourraient cependant avoir une valeur, à un certain point de vue qui n'est pas le nôtre en ce moment, si elles avaient été comparatives. Elles auraient pu faire juger, en ce cas, de l'aptitude relative des sujets mis en expérience ; mais n'ayant point été entreprises dans ces conditions, je crains bien, pour mon compte, qu'elles soient sans aucune utilité pour la science, comme elles le sont certainement pour la pratique.

Il n'en est pas tout à fait de même de celles qui ont eu pour objet de déterminer la valeur alimentaire des diverses sortes de fourrages. En ce sens, les stations expérimentales de l'Allemagne nous ont fourni de précieux documents, dont il faut tâcher de tirer parti pour la meilleure composition de la nourriture.

Mais, répétons-le, parce que le point de vue auquel nous nous plaçons en ce moment est très-important en économie rurale, chercher, dans l'état actuel de la science, le prix de revient d'un kilogramme de laine ou d'un kilogramme de viande de mouton est une entreprise parfaitement oiseuse pour l'agriculteur. Cela est tout au plus bon, dans une école primaire, pour servir d'exercice de calcul à des élèves que l'on veut former à la comptabilité agricole. Là, on peut sans inconvénient prendre pour base des évaluations arbitraires : c'est de la méthode de calcul en elle-même qu'il s'agit.

Dans une exploitation, le problème véritable est de savoir si les animaux sont ou non de bons consommateurs de fourrages, s'ils sont de bonnes machines pour les transformer en engrais et en produits échangeables. Leur compte se règle de la façon suivante, en ce qui concerne les moutons : ils ont consommé une quantité déterminée d'aliments ; ils ont fourni une quantité déterminée d'engrais et de produits ; ceux-ci ont été vendus pour une certaine somme ; déduction faite des frais généraux, cette somme donne la valeur des fourrages et de l'engrais. Si elle est suffisante pour équivaloir toute seule au prix qu'on aurait obtenu des fourrages en les vendant directement, le prix de revient de l'engrais est zéro ; si elle est supérieure, il y a en outre accroissement du capital engagé ; si elle est inférieure, la différence représente le prix de revient de l'engrais ; et l'opération est bonne, à la condition que cette différence ne soit pas assez grande pour le faire ressortir à un taux égal à celui du marché.

Il n'y a point d'opération sur les animaux qui ne puisse et ne doive se liquider de cette sorte. Poser autrement le problème qui s'y rapporte, comme on l'a fait en général jusqu'à présent, c'est compliquer sans aucune espèce d'utilité des questions en elles-mêmes très-simples, et faire une fausse application à l'ordre concret, de conceptions et de méthodes qui n'ont été étudiées par leurs auteurs que pour l'ordre abstrait, afin d'arriver à des démonstrations de science pure, dont les conséquences pratiques s'appliquent à de tout autres objets.

Il ne peut s'agir, en effet, dans ce genre de calcul, de déterminer ni la ration d'entretien ni la ration de production, pour un poids vif quelconque de l'animal considéré, ainsi qu'on s'est trop souvent évertué à le faire sans aucune utilité, les calculs à cet égard ne pouvant avoir aucune portée pratique et faisant seulement illusion à ceux qui ne réfléchissent point ou se laissent éblouir par les apparences de la précision. Pour une aptitude donnée, chez un seul individu, les deux modes de la ration se confondent nécessairement : leur détermination théorique ne peut résulter que de la comparaison entre plusieurs individus ; et c'est de cette comparaison que ressort le degré de l'aptitude, seul problème qui puisse être résolu par le genre de calcul dont nous nous occupons.

On voit donc par là que si les résultats bien établis sont capables de guider dans le choix des types ou des familles à exploiter, ils n'ont absolument aucune valeur, au point de

vue de l'alimentation particulière de chacun d'eux. A cet
égard, on peut poser en principe que tout animal produit
toujours en raison de ce qu'il consomme ; et encore une fois,
cela simplifie considérablement le problème de l'alimentation.

C'est en vertu de ce principe, d'ailleurs, que pour les moutons la nourriture, sinon exclusive, du moins presque exclusive à la bergerie, a de si grands avantages sur l'alimentation
au pâturage, en raison de ce qu'elle permet d'appliquer complètement à la nutrition, par le choix et la variété des aliments, la gymnastique fonctionnelle.

Pour les troupeaux d'élevage, dans lesquels il y a lieu de
faire développer l'aptitude à la précocité, elle est indispensable. Seule elle peut assurer aux jeunes l'alimentation abondante qui, avec le repos relatif, hâte l'achèvement de leur
squelette, et aussi rendre possible l'administration des substances dont la composition chimique est telle qu'ils fournissent au système osseux les éléments de la prompte soudure
de ses épiphyses.

Agissant d'abord par l'intermédiaire des mères nourrices,
auxquelles elles donnent un lait de qualité particulière, ces
substances font ensuite sentir leur influence directe, dès que
les agneaux sont en état de les consommer eux-mêmes. Il
s'agit des grains ou des graines, céréales ou autres, qui sont
généralement riches en phosphate de chaux, et que l'on ad-
ministre aux moutons sous forme de farine ou de tourteaux,
après en avoir extrait par exemple la matière huileuse.

L'alimentation des bêtes ovines à la bergerie, nous ne saurions trop y insister, doit être constamment inspirée par cette
idée, peu conforme il est vrai au sentiment des auteurs, jusqu'à présent, que tous les sujets iront sous le couteau du
boucher, peu de temps après qu'ils seront arrivés à l'âge
adulte. C'est le seul moyen de rayer de leur compte le chapitre des rations improductives, dites, en théorie, rations
d'entretien, et de supprimer l'amortissement du capital que
ces bêtes représentent, — ce qui est la première condition
d'une économie de bétail bien entendue. Au lieu de consommer du capital, elles doivent en produire, et celui-ci doit être
dégagé le plus souvent possible, pour s'engager ensuite dans

une proportion toujours plus forte, afin que son revenu croisse dans la même proportion.

Et ce principe, vraiment économique, montre bien comment on se place à un point de vue faux, lorsqu'on envisage seulement les moutons comme des producteurs de laine et qu'on arrive à établir, par exemple, qu'à ce titre une ration de 1 kil. à 1 kil. 20 de foin par jour, pour un mouton de 40 kil., soit 2 à 2.8 p. 100 de son poids, est la plus convenable. Même à ce point de vue, pour s'apercevoir de l'arbitraire de telles déterminations, il suffit de relever les chiffres indiqués par les auteurs, relativement à la quantité de foin nécessaire pour produire un kilogramme de laine.

Ainsi Weckherlin est arrivé à 42 kil.; Rhode à environ 40; Block à 38 pour la laine fine et de 18 à 20 pour la laine commune (ce qui ne peut manquer de paraître singulier, si l'on fait, comme l'auteur, abstraction de l'aptitude). Thaër et Pabst, qu'on veut pourtant nous présenter comme des maîtres en ces matières, tandis qu'ils n'étaient, en réalité, que des empiriques éminents, ont fait de même; le premier pensait qu'avec 25 kil. de bon foin on obtenait un kil. de laine très-fine; le second indique 47 kil. dans ce cas, et seulement 26 pour la laine commune.

Que peut-on tirer de ces nombres contradictoires, si ce n'est que le produit est en raison de l'aptitude, et que, pour ce motif, toute conclusion générale sur un tel sujet est nécessairement fautive? Les expériences d'où ils ont été déduits n'ont malheureusement même pas pour la science la valeur qu'elles auraient eue, si les expérimentateurs avaient pris le soin de nous faire connaître exactement les conditions dans lesquelles étaient les animaux sur lesquels ils ont expérimenté.

Pour la production de la viande, nous avons des chiffres de Weckherlin. Il a constaté que chez des mérinos moyens l'augmentation du poids du corps avait été de 120 gram. avec 33 p. 100 de ce poids, en foin; de 270 gram. avec la même ration chez des mérinos plus grands; de 300 gram. chez des anglo-mérinos; de 350 gram. chez des agneaux mérinos de six mois, et de 370 gram. chez des anglo-mérinos du même âge.

Ces résultats ont du moins l'avantage d'être comparatifs ; mais l'auteur verse dans l'ornière de ses devanciers, lorsqu'il en conclut, en thèse générale, que 20 kil. de foin augmentent le poids du mouton de 1 kilog., en faisant observer toutefois qu'en certains cas 16 kil. suffisent, tandis que dans d'autres il en faut 25 ou 30 ; et aussi lorsqu'il indique avec Rhode et Oekel, 4.5 p. 100 du poids du corps comme maximum de la ration.

La vérité est, au point de vue économique, que le maximum de la ration alimentaire des moutons n'a de limites utiles que les limites nécessaires, c'est-à-dire celles qui sont opposées par la faculté d'assimilation. Quel que soit le genre de spéculation, plus on peut leur faire absorber de nourriture sans mettre leur vie en péril, mieux cela vaut, tant qu'ils sont encore dans la période de leur développement. Aussitôt que le terme de celle-ci est atteint et qu'il s'agit d'achever leur engraissement, alors il y a lieu de tenir compte de certaines considérations, que nous allons signaler.

L'expérience a déjà prouvé bien des fois qu'au delà de cet état dans lequel les moutons peuvent être considérés comme gras, il n'y a plus d'avantage à les nourrir jusqu'à ce qu'ils deviennent fins-gras, comme l'on dit. En ce dernier état, leur valeur ne s'est pas accrue d'une quantité qui puisse couvrir les dépenses d'aliments qu'il a fallu faire pour les y amener. La viande trop grasse, d'abord, n'est pas estimée ; et puis, ce n'est point la graisse seule, ou le suif, qui procurent une forte augmentation de poids.

Il convient donc d'arrêter l'engraissement dès que les animaux sont en état de trouver facilement acheteur sur le marché, à de bonnes conditions.

On juge, au reste, de l'état d'engraissement par les maniements, dont le principal chez le mouton est celui de la croupe (grav. 46). Lorsqu'on sent, de chaque côté de la base de la queue, de la graisse accumulée sous la peau, c'est un indice que l'animal est bon à tuer. Le râble, ou les lombes, et la poitrine, en arrière du coude, donnent aussi de bonnes indications. Il ne faut pas attendre que la surface du corps soit pour ainsi dire boursoufflée de graisse, comme on le voit chez les animaux de concours. Un engraissement poussé à ce point, outre qu'il ne donne pas de la bonne viande, ne saurait être économique. Les matières farineuses à l'aide desquelles on l'obtient ne sont jamais payées à leur valeur, pour des raisons théoriques que nous n'avons pas besoin de développer ici.

La nourriture des moutons à la bergerie doit être en toute saison composée à la fois de fourrages secs et de fourrages frais. En été, c'est-à-dire du printemps à l'automne, ces derniers sont fournis par les plantes vertes, dont les cultures doivent être échelonnées de manière à ce qu'il y en ait toujours de bonnes à couper. Le trèfle, la luzerne, le sainfoin, les vesces, les pois, la jarosse, le trèfle incar-

Grav. 46. — Maniement du mouton gras.

nat, le seigle, l'escourgeon, le lupin, etc., donnent des ressources aussi nombreuses que variées. Le dernier surtout est un excellent fourrage pour les moutons. En hiver, les racines et les résidus de distillerie remplacent les fourrages verts. Les betteraves, les navets ou turneps, les carottes, les topinambours, coupés en tranches minces, doivent former la base de l'alimentation.

Tous ces aliments sont administrés en mélanges et alternés de façon à stimuler l'appétit. Les résidus surtout, particulièrement ceux qui sont liquides, ne sont bons que mélangés avec des pailles hachées, des siliques de colza ou d'autres menus fourrages, n'ayant par eux-mêmes qu'une faible valeur nutritive, mais qui deviennent ainsi précieux, surtout lorsqu'ils ont subi un commencement de fermentation et qu'ils ont été un peu salés.

On a beaucoup exagéré sans doute l'importance du sel dans l'alimentation des moutons. Les études plus sérieuses faites en ces derniers temps ont réduit l'utilité de cette substance à son rôle de condiment; et elle est encore grande malgré cela. Le sel agit en donnant du goût aux aliments qui en sont dépourvus et en stimulant par sa saveur l'appétit des animaux.

Ainsi nourris avec une proportion toujours considérable d'aliments humides, le foin de prairie dite naturelle ne formant qu'une faible partie de leur ration, les moutons boivent peu. Il est bon cependant de tenir toujours à leur disposition de l'eau claire et pure, dans des auges bien propres.

Les grains entiers, ou concassés, ou moulus, ou les tourteaux, sont d'un prix trop élevé pour pouvoir entrer dans l'alimentation habituelle des moutons. Ils sont réservés pour les béliers reproducteurs, durant le temps de la lutte, pour les brebis nourrices, pour les agneaux et pour achever l'engraissement des adultes. C'est en vue de leur administration à ces diverses catégories d'animaux que les divisions sont surtout nécessaires dans la bergerie. Les béliers, qui ont besoin de vigueur et d'énergie, reçoivent de l'avoine. Aux brebis nourrices, on donne un supplément de farineux et de tourteaux, pour activer la sécrétion de leurs mamelles et communiquer à leur lait les propriétés qui développent la précocité chez les agneaux ; ceux-ci le reçoivent ensuite, au moment du sevrage, pour en continuer les effets ; enfin ces mêmes farineux et tourteaux, lorsque les sujets qui doivent être vendus pour la boucherie sont en bon état, donnent le dernier coup à l'engraissement.

Soumis à ce régime alimentaire, dont nous venons d'exposer les bases, renvoyant aux ouvrages généraux pour ce qui concerne l'étude de chaque aliment (1), les moutons ne doivent sortir de la bergerie que pour prendre un peu d'exercice, excepté toutefois ceux qui sont à l'engraissement, lesquels restent toujours dedans. On les conduit durant une couple d'heures par jour sur un pâturage voisin de la ferme, et cela uniquement dans l'intérêt de leur hygiène. Le peu de nourriture qu'ils y consomment ne peut être considéré que comme un très-faible accessoire. Il s'agit seulement de les faire respirer au grand air. On en profite pour faire le service de la bergerie pendant leur absence.

Il va sans dire que ces sorties n'ont lieu que par le beau temps, et qu'on choisit, pour les effectuer, les heures du

(1) Voy. notamment A. Sanson, *Zootechnie*, Iᵉʳ vol., p. 251 et suiv.

jour les plus convenables : le matin en été, et vers le haut du jour en hiver.

III. — REPRODUCTION DES MOUTONS.

Époque de la lutte. La première question à se poser, en ce qui concerne la reproduction des moutons, est celle de savoir quel est le moment le plus favorable pour faire effectuer la fécondation des brebis. Ce moment est déterminé par l'époque reconnue comme étant la plus avantageuse pour la naissance des agneaux.

L'expérience des meilleurs éleveurs a établi qu'il y avait grand bénéfice à devancer à cet égard les conditions naturelles, dans lesquelles l'agnelage se produit au printemps, et à faire naître les agneaux le plus tôt possible, en hiver. Nous considérons comme superflu désormais de discuter la question. Surtout au point de vue de la fonction économique fondamentale du mouton, qui est, on s'en souvient, de produire de la viande, il ne peut plus y avoir d'hésitation.

Or, on sait que la durée de la gestation, chez la brebis, est de cinq mois. C'est donc au mois de juillet que doit commencer la lutte, pour se terminer au plus tard en août, les femelles n'entrant point en rut toutes à la fois. S'il en était autrement, il faudrait un trop grand nombre de béliers pour les féconder, ou ceux-ci s'épuiseraient dans des luttes trop fréquentes.

Sélection des reproducteurs. Cela posé en principe, quel que soit le mode de reproduction adopté, qu'il s'agisse de conserver une race en sa pureté, de la faire absorber par une autre, au moyen du croisement continu, ou bien seulement de fabriquer des métis, d'après les indications générales données précédemment, il y a toujours lieu d'exercer cette sélection relative dont nous avons également exposé les bases.

Dans une exploitation bien conduite, on ne doit admettre à la reproduction que les individus qui se rapprochent le plus de la conformation indiquée par nous (p. 80), comme étant l'idéal de la beauté zootechnique. C'est ainsi qu'on arrive nécessairement à accroître sans cesse la valeur du troupeau, par la réforme successive et persévérante des moins beaux.

En ce qui concerne les mères, le temps est ordinairement un facteur indispensable. Peu d'éleveurs pourraient songer à renouveler d'un coup toutes les femelles de leur troupeau. Eussent-ils à leur disposition le capital nécessaire, ils éprouveraient sans doute des difficultés insurmontables pour trouver autour d'eux un effectif suffisant de sujets d'élite. Ils sont donc obligés de les former.

Mais, dans l'état actuel des choses, l'impossibilité n'existe plus guère qu'exceptionnellement pour les béliers, et il sera toujours plus sage de se les procurer tout améliorés, plutôt que d'en entreprendre soi-même l'amélioration. On crée du capital ; on ne crée pas du temps. Il y a en latin une sentence qui le dit, et elle dit vrai.

Pour les mérinos, par exemple, dont la race est à beaucoup près la plus importante en France, dès à présent, et qui doit, selon nous, s'étendre encore bien davantage, à mesure que les éleveurs de la région climatérique qui lui est propice comprendront mieux leur intérêt, plusieurs éleveurs distingués sont, à notre connaissance, en mesure de fournir des béliers arrivés, sous les deux rapports de la viande et de la laine, à un degré d'amélioration qu'il sera bien difficile de surpasser. Nous citerons particulièrement, en Brie, M. G. Garnot (de Genouilly) ; en Gâtinais, M. le docteur Noblet (de Châteaurenard) ; en Bourgogne, M. Japiot (de Châtillon). Les animaux qu'ils produisent ne le cèdent en rien aux meilleurs béliers de southdown, ni quant à la précocité, ni quant à la conformation. Il y a là de quoi répondre à tous les besoins, suivant l'état de fertilité des exploitations. Aux plus fertiles, les béliers de Genouilly conviennent ; à celles qui le sont le moins, les petits sujets de Châteaurenard ; aux situations intermédiaires, les reproducteurs bourguignons.

Jusqu'ici, les principaux acheteurs de ces béliers mérinos perfectionnés ont été des éleveurs allemands, anglais, hollandais, pour le continent ou pour les colonies. Les étrangers se sont montrés meilleurs appréciateurs que nous-mêmes de nos propres richesses, que nos éleveurs français ont dédaignées maladroitement. Espérons qu'ils se raviseront bientôt.

En tout cas, une sélection attentive des beautés zootechniques, chez les reproducteurs, est le seul moyen de confirmer et d'étendre dans les troupeaux les améliorations obtenues individuellement par l'application des principes de la gymnastique fonctionnelle, indiquée dans les paragraphes précédents ; et cette sélection a plus d'importance encore quant aux béliers que quant aux brebis, non point, comme on le croit souvent à tort, que le mâle ait p'us d'influence dans la génération que la femelle (leurs fonctions sont égales, à conditions équivalentes), mais pour cette excellente raison que si chaque brebis ne peut être fécondée qu'une fois par saison, chaque bélier, dans le même temps, communique ses qualités à plusieurs produits, en fécondant plusieurs femelles.

Pratique de la lutte. Deux points sont à considérer dans la pratique de la lutte : d'abord, le nombre de brebis qu'il convient de donner à chaque bélier ; puis le mode suivant lequel l'opération doit s'exécuter.

Les femelles ne peuvent être fécondées que dans l'état de rut ou de *chaleurs*. Hors de là, les mâles s'épuisent avec elles en efforts superflus. Il est, jusqu'à un certain point, en notre pouvoir de faire naître chez elles cet état, et nous savons qu'il peut être réglé d'après les meilleures convenances, puisqu'on est arrivé à faire apparaître en été ce qui ne se présentait naturellement qu'en automne.

Dans la pratique ordinaire, les antenaises n'entrent en rut qu'à la fin de leur deuxième année. Chez les sujets précoces, cela se montre plus tôt. Il importe d'ailleurs de le provoquer au moment convenable que nous avons indiqué, c'est-à-dire dans l'été de l'année qui suit celle de leur naissance, et d'agir de telle sorte que les brebis se montrent par groupes échelonnés disposées à recevoir le bélier, afin que l'agnelage s'accomplisse en une période déterminée. Les soins qu'il exige sont alors rendus plus faciles.

On provoque l'apparition des chaleurs en soumettant, une quinzaine de jours avant l'époque choisie pour la lutte, les brebis à un régime alimentaire excitant, en leur donnant un petit supplément d'avoine, par exemple, ou de tout autre grain fortement nutritif. Si le fait désiré se fait attendre, on en peut hâter la venue par la présence, au milieu des brebis, d'un bélier très-ardent, mais de peu de valeur et muni d'un tablier, qui les excite par ses tentatives infructueuses.

Dès qu'elles sont en rut, elles doivent être livrées au bélier choisi. Leurs chaleurs ne durent pas au-delà de trente-six heures, et quelquefois elles ont disparu après douze seulement, pour ne revenir qu'après une période de seize à dix-huit jours. Il y a toujours avantage à les faire féconder tout de suite. Les ardeurs inassouvies et répétées leur sont nuisibles. En outre, elles sont plus souvent fécondées dès la première apparition.

Le nombre de brebis qu'un bélier peut féconder sans s'épuiser, dans le courant d'une saison de lutte, dépend du mode suivant lequel celle-ci se pratique. Lorsque, ainsi que cela se fait trop souvent, le mâle est abandonné à ses instincts au milieu du troupeau de femelles, il lui arrive nécessairement de s'accoupler plusieurs fois avec la même, encore bien qu'elle ait déjà été fécondée, toutes ne venant pas en rut à la fois. Dans ces conditions, qui ne sont point à recommander, on excéderait la mesure si chaque bélier devait servir plus de cinquante brebis en une saison. Quand, au contraire, on a le soin de conduire les femelles en chaleur dans un compartiment séparé de la bergerie, à mesure que leur état de rut se manifeste, pour les livrer au bélier, celui-ci en peut féconder sans s'épuiser jusqu'à quatre-vingts ; mais il y a toujours plus d'avantage à restreindre qu'à étendre ce nombre.

Du reste, pendant l'époque de la lutte, les béliers doivent recevoir une nourriture substantielle et tonique. Le mieux est de leur donner une ration journalière d'avoine, qui ne peut être moindre de 500 grammes. Cela fait de 15 à 20 kil. par bélier, pour les trente à quarante jours que dure une lutte bien conduite, et c'est dépense bien placée. Restant plus vigoureux, les mâles conservent leur aptitude prolifique jusqu'au bout, et aucune brebis n'échappe à la fécondation. En outre, ils se reproduisent mieux, ce qui est grandement à considérer.

Il y a un mode d'accouplement que l'on appelle la *lutte en main*, et qui consiste à conduire isolément chaque brebis au bélier, pour faire exécuter l'acte en sa présence. C'est incontestablement la méthode la meilleure et la plus sûre, à la fois pour la brebis et pour le bélier qui, dans ce cas, ne lutte que le nombre de fois strictement nécessaire. Mais cette méthode est peu usitée, à cause de la peine qu'elle donne au berger. Le procédé du fractionnement des femelles, pour la lutte en liberté dans un compartiment spécial, peut d'ailleurs la suppléer sans des inconvénients bien sensibles.

Gestation. Les brebis pleines exigent des soins particuliers. Nous n'avons rien à dire ici de leur alimentation. Ce point a été résolu précédemment d'une façon générale. Faisons observer seulement qu'elles doivent être logées dans une division spéciale de la bergerie, et aussi largement que possible ; que leurs sorties et leurs entrées doivent être réglées de manière à ce qu'elles ne puissent se presser aux portes, et qu'il ne faut jamais leur faire faire de longues courses, ni les exposer aux brusques attaques des chiens.

Si elles vont au pâturage, ce ne peut être que par le beau temps, et toujours sur le plus sain et le meilleur. Le calme, la propreté et une bonne alimentation sont les meilleurs préservatifs contre les avortements, ces véritables fléaux des troupeaux d'élevage.

Lorsqu'approche le terme de la gestation, pour les premières brebis fécondées, c'est-à-dire aux environs du cent quarantième jour après celui du commencement de la lutte, temps minimum qui ait été observé, une surveillance attentive doit être exercée, afin de se tenir prêt à parer aux difficultés que l'agnelage pourrait présenter.

Agnelage. Les brebis font en général leur agneau avec la plus grande facilité. Il est bien rare qu'on soit obligé d'intervenir pour les y aider. Il est utile seulement de veiller à ce qu'elles le sèchent aussitôt après sa naissance, comme c'est leur coutume, et de suppléer dans cette fonction celles qui ne la rempliraient pas, en frottant soi-même le petit avec une étoffe de laine. Ce n'est qu'après avoir été ainsi frictionné et séché qu'il acquiert la force de se tenir debout et d'aller de lui-même à la mamelle de sa mère pour y téter le premier lait jouissant de propriétés purgatives, qui doit débarrasser son intestin des matières accumulées durant la vie intrà-utérine.

Ceci est de la plus grande importance et doit être l'objet,

durant toute la période de l'agnelage, d'une surveillance assidue. Certaines brebis, qui sont de mauvaises mères, une fois qu'elles ont mis bas, ne s'occupent point de leur fruit et le laissent périr. D'autres ne se prêtent point à ce qu'il puisse joindre le mamelon ou s'opposent même à ce qu'il s'en approche. C'est pour cela que le berger, durant le temps de l'agnelage, ne doit en perdre aucune de vue, pour s'assurer si tout va bien et mettre ordre aux manquements, pour garantir à chaque nouveau-né une place convenable et tout ce qui peut être nécessaire à son existence.

Il est bon que les brebis qui viennent d'agneler soient mises avec leurs agneaux dans un compartiment spécial, où elles reçoivent un peu de soupe chaude. Elles y restent jusqu'à ce que le petit les reconnaisse bien et puisse les retrouver au milieu du troupeau. Chaque agneau doit téter sa mère : c'est la condition pour qu'ils soient tous bien allaités. Autrement, quelques-unes en nourriraient plusieurs, et d'autres pas du tout.

Nous recommandons aussi de bien veiller à ce que toutes les brebis qui ont mis bas se délivrent de l'arrière-faix. Celles qui tarderaient seront séparées des autres et recevront des soins particuliers. Les enveloppes du fœtus, en séjournant dans la matrice, s'y altèrent et répandent une mauvaise odeur qui infecte la bergerie. Un breuvage excitant de vin chaud suffit souvent pour en provoquer l'expulsion, qui est aussi facilitée par un petit poids qu'on attache à l'extrémité pendante du cordon, sur laquelle on peut du reste exercer soi-même avec précaution de faibles tractions.

Les accidents de non-délivrance sont du reste relativement rares dans les troupeaux, de même que ceux de parturition difficile ; et dans le cas où ceux-ci se présentent, il est toujours bon de ne pas trop se hâter d'intervenir, à moins qu'on n'ait constaté une mauvaise présentation, qui rendrait l'expulsion du fœtus impossible. Il y a alors nécessité de remettre les choses en bon état et d'aider la mère, que ses efforts inutiles ont épuisée.

Allaitement. Les jeunes agneaux ne sauraient téter trop copieusement ; et pour cela, il importe que leurs mères soient abondamment nourries, comme nous l'avons déjà dit.

Les prescriptions des auteurs à cet égard, qui recommandent de les rationner pour ménager celles-là, vont à l'encontre de la première nécessité du perfectionnement des aptitudes, qui doit être la préoccupation constante des éleveurs. Que ceux qui viennent soient toujours supérieurs à ceux qui s'en vont, fût-ce même à leurs dépens : c'est la condition du progrès ; ils les remplacent avantageusement.

Toutefois, il est nécessaire que les agneaux soient habitués de bonne heure à manger. On dispose pour cela, dans un compartiment voisin, pourvu d'une séparation qu'ils peuvent seuls franchir, du fourrage tendre et succulent d'abord, puis des grains aplatis ou moulus. Ils satisfont ainsi leur appétit en partie, réduisent progressivement leur ration de lait, et finissent même par se sevrer tout seuls, ce qui est en réalité le meilleur sevrage.

Celui-ci est en général opéré trop tôt et trop brusquement. C'est ce qui retarde le plus l'amélioration. Les agneaux en subissent un temps d'arrêt dans leur développement, qui leur est très-préjudiciable. En les habituant au contraire de bonne heure à manger, et en forçant leur ration de fourrage, de farineux, de racines, etc., à mesure qu'ils approchent du moment où ils ne téteront plus du tout, ils ne s'aperçoivent pas de la transition.

Nous n'avons pas encore parlé des agneaux qui ont perdu leur mère et qui doivent être allaités artificiellement, si l'on n'a pas une nourrice à leur donner. Il n'est pas très-difficile de leur faire contracter l'habitude de boire du lait. Tous les bergers savent cela. Il serait donc superflu d'y insister, non plus que sur le cas dans lequel une brebis, ayant eu une parturition double ou triple, n'est pas assez forte nourrice pour suffire à tous ses petits. Ce sont là des détails que la pratique enseigne mieux que toutes les dissertations. Il importe seulement ici de concentrer l'attention sur l'importance d'un allaitement copieux et prolongé aussi longtemps que l'agneau ne peut pas encore, en mangeant, suffire aux nécessités impérieuses de son développement, à cet âge dont dépend tout son avenir d'aptitudes.

Amputation de la queue. C'est une pratique adoptée par tous les éleveurs éclairés, et qui est en vérité très-louable, d'amputer la queue des agneaux mâles et femelles aussi près que possible de sa base. La queue du mouton ne donne pas de viande, et la laine dont elle est couverte n'a pas de valeur. C'est donc un organe économiquement inutile ; il est même nuisible en ce qu'il salit la toison et gêne, chez les femelles, l'acte de la copulation, de même qu'il irrite les mamelles des nourrices en les frappant, étant chargé de fumier et de boue. De plus, tout ce qui, dans l'alimentation, serait employé à la nutrition de la queue, sert au développement des autres parties plus utiles, lorsqu'elle n'existe plus.

L'opération est des plus simples et des plus inoffensives. On l'effectue avec un couteau ou avec des ciseaux, sur les agneaux âgés de quinze jours à trois semaines. La section ne provoque qu'un très-faible écoulement de sang, et le moignon se cicatrise sans qu'il y ait lieu de s'en occuper autrement.

Emasculation. Hormis le cas où il s'agit d'un élevage de béliers, dans un troupeau de perfectionnement comme nous en avons fort heureusement plusieurs en France, tous les agneaux mâles doivent être émasculés le plus tôt possible. Moins on attend, moins les souffrances causées par l'opération sont intenses, et moins elles nuisent, par conséquent, au développement de l'individu. L'émasculation hâtive et générale est surtout impérieusement commandée, quand il s'agit de métis. Nous en avons suffisamment établi les raisons pour n'avoir pas à y revenir maintenant.

Dans les troupeaux où les reproducteurs doivent être recrutés, il est nécessaire de réserver un certain nombre des plus beaux agneaux mâles, de ceux qui promettent le plus, parmi lesquels on choisira, vers la fin de la première année, les béliers destinés à remplacer ceux pour lesquels l'heure de la réforme est marquée ; les autres, n'étant pas élus, seront alors émasculés.

Le meilleur moment pour pratiquer l'émasculation des agneaux se présente dès que les testicules sont bien apparents. Les éleveurs expérimentés ne laissent jamais dépasser l'âge de trois mois. Toute discussion sur les avantages de l'opération hâtive peut être désormais considérée comme oiseuse, et cela juge en même temps la question de la méthode à préférer pour la pratiquer. Sur des organes d'une si faible importance, en égard à leur état de développement, elle peut être, comme l'amputation de la queue, aussi simple qu'inoffensive. Il suffit, après avoir fait une petite incision aux bourses, de tordre, l'un après l'autre, les cordons testiculaires jusqu'à ce qu'ils se rompent, en ayant soin de borner la torsion en pinçant le cordon avec les ongles du pouce et de l'index, au-dessus du point à tordre. La torsion bouche la lumière des vaisseaux et empêche l'hémorrhagie de se produire. La petite plaie se cicatrise ensuite sans que l'animal en paraisse le moins du monde incommodé.

Tous les autres procédés de castration, par le fouettage, par les casseaux, ou par les pinces qui ont été préconisées en ces derniers temps, ont l'inconvénient d'être beaucoup plus douleureux et moins simples. Quant au bistournage, souvent moins efficace, il n'est guère praticable que sur des sujets plus âgés.

CHAPITRE VII

ADMINISTRATION DES TROUPEAUX.

Définition. Nous considérons comme faisant partie de l'administration d'un troupeau tout ce qui concerne la surveillance et l'exécution des détails relatifs à sa conduite. Administrative est, par conséquent, la fonction du berger et de ses auxiliaires, hommes ou chiens, et administratives sont aussi les mesures à prendre pour qu'il reste trace de tous les faits qui peuvent éclairer sa direction et la faciliter.

Nous avons donc à nous occuper, dans ce chapitre, du berger, du chien, de la marque distinctive des sujets, assurant leur individualité, et de leur immatriculation sur un registre spécial.

Le berger. « Il faut pour cela (pour la fonction de berger) un homme intelligent, aimant son métier, capable de s'intéresser par amour-propre au succès de l'entreprise zootechnique, indépendamment des avantages pécuniaires qu'il est bon de stipuler en sa faveur pour le cas échéant, et de plus possédant des connaissances spéciales, acquises par expérience ou autrement.....

« La vérité est que la situation du maître berger, dans une exploitation agricole basée sur la production des moutons, est celle du plus important des chefs de service. En outre des qualités énumérées plus haut, pour en remplir convenablement la fonction, la douceur du caractère et la vigilance, l'activité, résultant d'une santé robuste et de la vigueur du tempéramment, sont indispensables. Un homme violent, brutal, toujours funeste dans la conduite des animaux en général, l'est bien davantage encore quand il s'agit de moutons, naturellement craintifs, et surtout des brebis en état de gestation, sur lesquelles s'appuie l'avenir du troupeau.

« Indépendamment des mérites personnels du berger, le contrat qui le lie à l'exploitation exerce, par sa nature, une influence considérable. C'est toujours une utile pratique d'éviter qu'en aucun cas l'antagonisme existe entre le devoir et l'intérêt. La vertu est belle, mais la morale veut qu'on la mette le moins possible à l'épreuve, et la bonne administration le veut encore plus. C'est une loi de justice aussi que chacun profite du bien qu'il fait.

« Dans les pays à moutons aux toisons précieuses, on l'a compris, mais de diverses façons. Il n'est pas facile, par contre, de s'expliquer en vertu de quel calcul d'économie inintelligente certains cultivateurs de la Beauce diminuaient et diminuent peut-être encore les gages de leur berger, en lui assurant le bénéfice des dépouilles de moutons morts de maladie, de telle sorte que celui-ci fût intéressé à ce qu'il en pérît beaucoup. Un tel mode de contrat constitue une excitation permanente à la malhonnêteté. Il est par cela même immoral. On ne saurait trop le blâmer, à tous les points de vue. Le choix ne peut être posé qu'entre la stipulation d'un salaire fixe, sans aucun accessoire éventuel, et celle d'un intérêt dans les bénéfices produits par le troupeau, joint à ce même salaire. »

Dans l'ouvrage auquel nous empruntons ce qui précède, en le résumant, nous avons exposé un système de gratifications recommandé et pratiqué à Hohenheim par Weckherlin, et nous avons fait remarquer, à son sujet, qu'avec la constitution de la société française, telle que le cours des événements l'a faite, ce système n'y est plus guère applicable. « Dans l'état des rapports entre propriétaires ou entrepreneurs et salariés, il convient d'éviter le plus possible les causes de dissentiment. Si le berger, avons-nous dit, doit être intéressé pécuniairement à la prospérité du troupeau, le mieux est que ce soit en vertu d'un droit précis et bien déterminé...

« Il paraît plus simple, plus efficace, et plus conforme aux nouvelles idées sur le droit, de stipuler en faveur du berger un tant pour cent sur tous les produits de la spéculation, au moment de leur vente, agneaux, brebis pleines, moutons gras, béliers ou toisons. Cela ne laisse rien à l'arbitraire et coupe court à toute récrimination. Le berger, relevé à ses propres yeux en devenant associé en même temps que salarié, acquiert en outre plus d'autorité sur ses aides, qu'il surveille et dirige avec d'autant plus d'activité qu'il s'agit, au demeurant, autant de ses intérêts propres que de ceux du propriétaire du troupeau. La solidarité bien évidente de ces mêmes intérêts engendre ainsi l'estime et l'affection réciproques, dont l'effet économique n'a pas plus besoin d'être démontré que l'effet moral. »

Le chien de berger. Nous n'entrerons point ici dans des détails descriptifs sur les caractères que présentent les meilleurs chiens de berger, non plus que nous ne tracerons les préceptes à suivre pour leur dressage. Il y a une race dans laquelle l'aptitude à la fonction de gardien des troupeaux est traditionnelle et portée au plus haut degré. Ces chiens-là, par la finesse de leur intelligence spéciale, sont vraiment surprenants.

Nous voulons parler des chiens de la Brie, qui sont à coup sûr les meilleurs policiers du monde. Il suffira de mettre sous les yeux du lecteur le portrait d'une chienne de cette race, souvent reproduit et déjà célèbre. L'histoire de *Charmante* (grav. 47) prouve mieux que toutes les dissertations possibles la vérité de notre affirmation sur les qualités héré-

ditaires de sa race. Il suffit donc de recommander cette race
au choix des bergers.

Grav. 47. — *Charmante, chienne de berger de la race de Brie.*

On préconise aussi, pour lutter contre les attaques des
loups, les mâtins vigoureux et armés d'un fort collier. Ils
peuvent être utiles lorsque les moutons sont au parc. Mais

ce que nous avons dit, pour faire sentir la nécessité de renoncer au régime du parcage, nous dispensera d'insister à leur sujet. L'utilité de cette garde défensive se borne, en réalité, aux troupeaux entretenus au régime pastoral, dans les solitudes des pays de culture arriérée et dans les pâturages des montagnes.

Marque. Chaque sujet, dans le troupeau, doit porter une marque distinctive, pour assurer, avons-nous dit, son individualité. Cette marque est ordinairement un numéro d'ordre placé aux oreilles, qui sont le meilleur endroit pour cela.

Deux procédés de numérotage sont maintenant adoptés par les éleveurs les plus éclairés. L'un consiste à tatouer sur la conque, à l'aide d'un instrument spécial, les chiffres en couleur bleue ou noire, qui représentent le numéro d'ordre ; l'autre arrive au même but par des entailles et des trous pratiqués sur ses bords et dans son étendue, et qui ont une valeur conventionnelle, suivant leur situation. En voici un

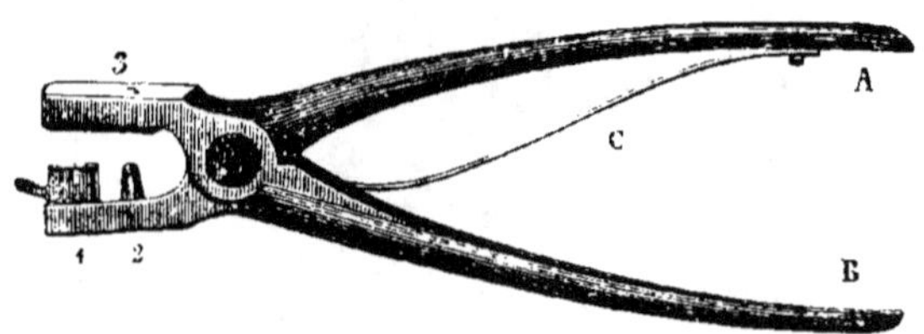

Grav. 48. — Emporte-pièce pour numéroter les moutons.

exemple, dans les conventions adoptées pour le troupeau d'Alfort, qui permettent d'écrire jusqu'au nombre 9,999.

Les unités sont marquées par les entailles du bord antérieur de l'oreille gauche ; les dizaines, par celles du bord antérieur de la droite ; les centaines par celles du bord postérieur de la gauche, et les milliers par celles du bord postérieur de la droite. A la pointe de l'oreille gauche, une entaille vaut cinq unités ; à celle de droite, elle en vaut cinquante. Un trou dans l'oreille gauche en vaut cinq cents ; dans la droite, il en vaut cinq mille. Ainsi, avec neuf entailles à chacune des oreilles, plus un trou, on arrive à 9,999, comme nous l'avons dit ; et l'on peut facilement comprendre com-

ment se marquent les nombres intermédiaires, depuis 1 jusqu'à celui-là.

Les entailles et les trous se marquent avec une pince à
emporte-pièce (grav. 48), qu'un ressort C maintient ouverte ;
1 est le couteau pour l'entaille et 2 le poinçon creux ; ils
viennent s'appliquer, après avoir traversé l'épaisseur de la
conque, sur le champ du mors opposé de la pince 3, lorsqu'on serre dans la main les extrémités A et B de ses branches. Cette pince se trouve chez tous les fabricants d'instruments de chirurgie.

Les pinces à tatouer sont de deux sortes. Ou bien elles
nécessitent pour chaque chiffre une adaptation spéciale ; ou

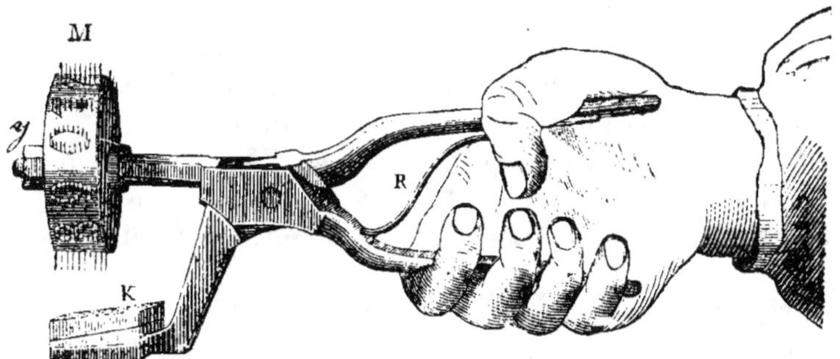

Grav. 49. — Pince à tatouer pour numéroter les moutons.

les chiffres, depuis 0 jusqu'à 9, y sont disposés autour d'une
mollette tournant sur un axe.

La pince à tatouer de ce dernier genre, imaginée par
M. Paul François (grav. 49), est préférable et préférée, comme
étant moins compliquée et plus facilement maniable. La gravure la représente dans la main de l'opérateur et maintenue
encore ouverte par son ressort R. La mollette M, armée de
ses chiffres hérissés de pointes qui, trempées dans une encre
spéciale, doivent introduire celle-ci sous l'épiderme, est
maintenue fixe sur son axe par l'écrou y, lorsque le chiffre
à imprimer a été amené au-dessus du coussinet K, en peau
de buffle, placé sur le mors inférieur de la pince. Une faible
pression suffit pour faire pénétrer les pointes assez profon-
dément dans l'épaisseur de la peau qui recouvre l'intérieur

de la conque. Chaque petite cicatrice conserve ensuite la couleur qui a pénétré dans la plaie avec la pointe, ou qui a été introduite par frottement de la surface, les piqûres étant pratiquées à sec.

Le tatouage est le genre de marque qui tend à se répandre le plus, parce qu'il permet de multiplier les indications, prenant moins de place que les entailles. Il est en outre plus rapidement lisible. Chaque individu peut ainsi porter son propre numéro et ceux de son père et de sa mère.

Les béliers qui ont des cornes sont parfois numérotés sur celles-ci avec des marques à feu.

Registres du troupeau. Deux registres sont nécessaires pour chaque troupeau, afin d'y consigner toutes les particularités propres à guider sa bonne administration. L'un de ces registres est pour les agneaux, jusqu'à ce qu'ils aient quitté leur mère, en prenant rang dans l'immatriculation générale. Jusque-là ils ne portent que des numéros provisoires, imprimés sur des petites plaques de fer blanc qu'on leur attache autour du cou. Lors du sevrage, ils reçoivent, par tatouage ou autrement, leur numéro de série et sont inscrits au grand registre.

Le *registre des agneaux* doit contenir au moins sept sortes d'indications : 1° le numéro de la mère ; 2° celui du père ; 3° le jour de la lutte ; 4° celui de la naissance ; 5° le numéro de l'agneau ; 6° son sexe ; 7° enfin les particularités qui se présentent dans le cours de son existence.

Le *registre matricule* est plus compliqué. Quinze colonnes à chaque page y sont au moins nécessaires, pour inscrire, au sujet de chacun des animaux, les renseignements suivants : 1° le numéro matricule ; 2° la race ; 3° le sexe ; 4° la date de la naissance ; 5° la date de l'immatriculation ; 6° le poids de l'animal à cette date ; 7° les numéros des ascendants ; 8° les particularités de conformation et de lainage ; 9° les dates de tonte ; 10° le poids de la toison ; 11° les dates de lutte et d'agnelage, pour les brebis ; 12° le numéro du bélier qui a lutté ; 13° la date de sortie du troupeau par mortalité, réforme ou vente ; 14° le rendement, dans le cas d'abattage dans la ferme ou de renseignements recueillis ailleurs ; 15° enfin, les observations sur la santé, le développement, et généralement toutes les particularités intéressantes qui peuvent se présenter.

Avec un tel registre bien tenu, rien de ce qui peut guider les opérations et rendre leurs résultats certains n'échappe. L'exploitation prend un caractère de précision qui fait que l'éleveur en est complètement maître, ce qui est toujours une condition de succès, car toutes les combinaisons peuvent alors avoir des bases solides. Rien n'est plus laissé au hasard ni à la routine.

CHAPITRE VIII

RÉCOLTE DES PRODUITS DU TROUPEAU.

En quoi ils consistent. Quel que soit le genre de la spéculation à laquelle les moutons sont soumis, et quel que soit aussi leur type, dans l'état actuel des choses, il y a un produit qu'ils donnent toujours et qu'il faut récolter périodiquement : ce produit est leur toison. Sa valeur varie suivant l'aptitude de la race ; mais grande ou petite, elle n'est jamais à dédaigner, et nous devons indiquer ses meilleurs procédés de récolte.

Les autres produits sont l'objet de spéculations spéciales, qui se combinent d'ailleurs ensemble, dans plusieurs cas. Nous voulons parler des agneaux de boucherie et du lait employé à la fabrication des fromages. Cette dernière spéculation implique nécessairement la séparation prompte de la mère et de son petit, dont l'allaitement ne dure que peu de jours. Aussi est-ce particulièrement dans la région de la France où elle a le plus d'extension que se trouvent en grand nombre les fabriques de ganterie où l'on met en œuvre les peaux d'agneaux. Exemple : les départements de l'Ardèche.

de la Lozère et de l'Aveyron, où se font les fromages de Roquefort.

Nous allons donc nous occuper successivement de ces divers produits.

Récolte de la laine. Avant de parler des procédés par lesquels la toison est tondue et du moment le plus favorable pour effectuer l'opération, nous avons à vider une question qui n'est pas sans importance.

Dans certaines parties de la France, comprises dans la région des mérinos et aussi en Allemagne, on a coutume de pratiquer ce que l'on appelle le lavage à dos, quelques jours avant d'opérer la tonte. La toison est ainsi débarrassée d'une partie de son suint et des impuretés grossières qui auraient pu la salir. On distingue nécessairement, dans le commerce, pour le prix du kilogramme, la *laine lavée à dos* de celle dite *en suint*; et il y a évidemment avantage, pour le vendeur, à mettre ses laines en vente le plus propres possible. Reste à discuter la question du procédé de lavage.

Celui qui est appelé lavage à dos, ce qui signifie qu'il s'opère sur le mouton vivant, n'est certainement pas sans inconvénients ni sans dangers. Il se pratique de la manière suivante, dont la gravure 50 nous facilitera beaucoup la description. Il va sans dire que l'existence d'un cours d'eau est indispensable. C'est la vérité de la *Cuisinière bourgeoise*, pour le fameux civet de lièvre.

Donc, disposant d'un cours d'eau, « on y fait d'abord nager les moutons à plusieurs reprises, afin de débarrasser leur toison des plus grosses impuretés et de ramollir le suint. Ils sont ensuite placés sur le bord, dans un petit parc, puis repris un à un, en commençant par les premiers trempés. Deux hommes reçoivent dans le courant chaque mouton; ils l'y plongent en le retournant dans différents sens et frottent fortement la laine avec leurs mains sur toutes les parties de la toison. Le lavage est achevé lorsqu'en pressant celle-ci l'on n'en fait plus sortir que de l'eau claire.....

« Pour opérer le lavage à dos, il faut, bien entendu, choisir une belle journée d'été, placer les moutons sortant de l'eau sur le gazon, loin de la poussière, des rayons trop ardents du soleil ou d'un vent sec. Une dessiccation trop rapide rendrait la laine dure et cassante, et lui ferait perdre tout au moins de son moelleux ; il faut deux ou trois jours, dans des conditions convenables, pour qu'elle soit complète. On peut procéder à la tonte lorsque la laine n'est plus humide sur le

Grav. 50. — Lavage à dos des moutons.

cou et au poitrail : c'est un signe certain qu'elle est assez sèche partout ailleurs. »

Toutes ces précautions, bien difficiles à ne point enfreindre, me font penser qu'aussi bien en vue de la santé des moutons que du bon parti à tirer de leurs toisons, il vaudrait mieux laver celles-ci après qu'elles ont été tondues. Il y aurait le triple avantage de ne point exposer les animaux aux dangers du bain, de pouvoir disposer à sa guise les conditions de la dessiccation de la laine, et d'utiliser les eaux de lavage, contenant des matières fertilisantes, par exemple à l'arrosage des fumiers. C'est une réforme importante sur laquelle j'appelle l'attention, en souhaitant que quelque agriculteur éclairé en prenne l'initiative dans les régions où l'on suit la coutume traditionnelle du lavage à dos. Ses avantages, démontrés par l'expérience, la feront ensuite adopter partout, et personne n'exposera plus en vente des toisons en suint, auxquelles les acheteurs font toujours subir une réduction de poids qui dépasse la déperdition réelle au lavage.

Cela dit, arrivons à l'opération de la tonte.

C'est, en général, dans le courant des mois de mai et de juin, suivant la température de la saison, que cette opération se pratique. On l'effectue avec des ciseaux, ou mieux avec des forces (grav. 51), que l'opérateur manœuvre en rapprochant les lames, par le jeu du ressort, en pressant sur les branches, qu'il tient dans sa main, comme on le voit dans les gravures

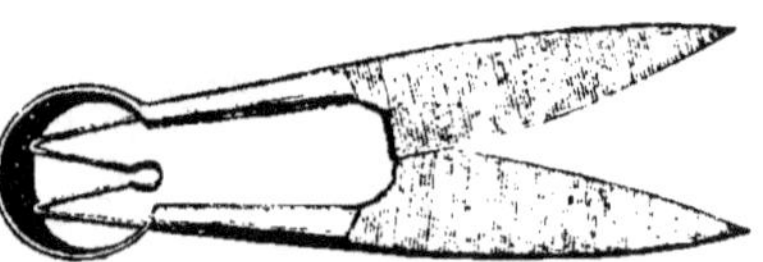

Grav. 51. — Forces pour la tonte.

52, 53 et 54. Celles-ci représentent les diverses positions dans lesquelles le mouton est placé successivement pour en opérer la tonte.

Après l'avoir saisi, l'opérateur le renverse d'abord sur le derrière ; puis mettant le genou droit à terre, il appuie la partie supérieure du cou de l'animal sur sa cuisse gauche (*a*, grav. 52). Maintenant la tête en arrière, ainsi que les membres antérieurs, avec le bras gauche, dont la main *e* est appuyée sur la paroi inférieure de la poitrine, il saisit les forces de la main droite *c* et commence à tondre les parois abdominales, le dessous du cou ayant été préalablement tondu, ainsi que celui de la poitrine, puis il détache la laine sur les cuisses *g* jusqu'aux hanches et à la base de la queue.

Alors une deuxième position est nécessaire. Le tondeur agenouillé couche le mouton sur le côté, en lui appuyant l'épaule sur ses genoux (grav. 53), la tête maintenue sous son bras gauche *g*, et procédant avec la main qui manœuvre les forces *e*, de haut en bas et en suivant avec la main gauche *a b*, de chaque côté du corps, jusqu'à la queue, la toison ne tenant plus, comme on le voit, que par les reins et la croupe.

Grav. 52. — Tonte du mouton (1ʳᵉ position).

Pour terminer la tonte, le mouton étant couché sur le côté, l'opérateur s'appuie sur son genou droit, dans la position représentée par la gravure 54. La jambe gauche *c*, dont le genou *a* est fléchi, passe sur le cou de l'animal, dont la tête *d* est maintenue avec le pied *b*. La main gauche *e* maintient la

peau tendue, ce qui est dans tous les cas sa fonction, tandis
que la droite *f* manie les forces jusqu'à ce que la toison *g*
soit complètement détachée. Celle-ci reste étendue sur la toile
qui avait été préalablement disposée.

Grav. 53. — Tonte du mouton (2e position).

Quelques tondeurs ou tondeuses préfèrent placer l'animal
sur une table, après lui avoir lié les quatre membres en un
faisceau. Le choix entre les deux méthodes est affaire de
commodité personnelle. L'important est que la tonte soit bien
effectuée, et elle l'est à la condition que la laine soit rasée aussi

près que possible de la peau, sans inégalités et surtout sans
que les forces ou les ciseaux aient entamé en aucun point
celle-ci. Les cicatrices des plaies, si petites qu'elles puissent
être, nuisent à la croissance ultérieure de la laine. Il est bon
aussi que la toison n'ait point été déchirée, qu'elle forme un

Grav. 54. — Tonte du mouton (3e position).

tout continu, qui lui donne un meilleur aspect et qui facilite
le triage des diverses qualités de laine qu'elle présente et que
nous avons indiquées.

La toison détachée, il ne reste plus qu'à l'emmagasiner.
Nous reproduirons purement et simplement, à cet égard, ce

que nous avons dit ailleurs, ainsi que cela a été fait plusieurs
fois plus haut.

« C'est un principe, en industrie, qu'il faut parer sa marchandise de manière à ce qu'elle puisse être présentée à
l'acheteur dans les meilleures conditions. Il conviendrait donc,
dans la préparation des toisons pour la vente, de commencer
par opérer un triage des diverses qualités de laine que chacune d'elles contient nécessairement, d'après les bases qui
ont été indiquées à propos de l'appréciation générale des

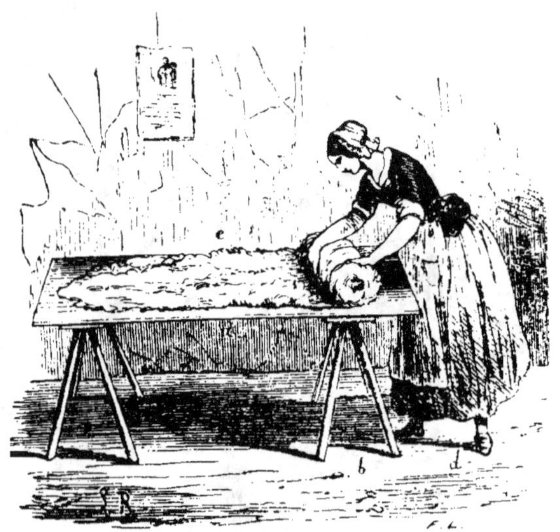

Grav. 55. — Roulage de la toison.

laines. Lorsqu'on vend la toison entière et telle que le mouton l'a donnée, l'acheteur exagère toujours la proportion de
laine inférieure qu'elle contient. Une marchandise homogène
acquiert sur le marché le maximum de sa valeur.

La toison ainsi triée est étendue sur une table (grav. 55),
la face de la tonte en bas, ses bords repliés en dedans, puis
roulée dans le sens de sa longueur, pour en faire un paquet
cylindrique et régulier (grav. 56), qui est ensuite lié avec une
corde solide, mais aussi peu grosse que possible.

Il vaut toujours mieux présenter à la vente des toisons séparées de cette façon, que d'en réunir plusieurs en un seul paquet. L'acheteur, pouvant les apprécier avec plus de certitude, les paie davantage. C'est alors qu'il convient de les peser et d'inscrire leur poids sur le registre matricule, au compte de chaque individu.

Si la vente ne peut être effectuée aussitôt après la tonte, il convient de conserver les toisons dans un local modérément sec et à l'abri du soleil. Elles perdent une partie de leur poids, dans le premier mois qui suit. On doit donc tenir compte de la diminution dans la fixation du prix de chaque kilogramme à vendre. »

Grav. 56. — Toison roulée et ficelée.

Exploitation des agneaux. L'expression d'engraissement des agneaux, dont on se sert habituellement pour désigner la spéculation dont il s'agit, « ne convient peut-être pas tout à fait, appliquée aux jeunes animaux de l'espèce ovine ; il s'agit en effet plus de leur faire acquérir en peu de temps le développement qui permet de les livrer à la consommation, que de les engraisser. Au point de vue de l'hygiène publique, c'est une spéculation qu'il est désirable de voir plutôt se restreindre que s'étendre, car la viande d'agneau ne jouit pas de propriétés nutritives bien remarquables. »

Quoi qu'il en soit, tant que cette viande sera demandée, les éleveurs devront la produire, et cela dans les meilleures conditions économiques.

La production des agneaux gras est commandée dans deux cas : ou bien au voisinage des grandes villes, dans lesquelles la consommation est considérable ; ou lorsque les brebis sont exploitées principalement pour la fabrication des fromages. Il y a encore, par exception, le cas dans lequel les mères font ordinairement deux agneaux, dont un doit être enlevé le plus tôt possible. Dans la pratique, cette circonstance se confond avec la précédente, et il s'agit alors de sevrer les jeunes au plus tôt et de les nourrir artificiellement. Alimentés avec soin, ils sont ordinairement en état d'être vendus vers la dixième semaine de leur vie.

Lorsque la production des agneaux pour la boucherie est la spéculation principale, ce qui suppose une culture intensive, le premier soin doit être de choisir une race précoce et présentant un certain développement, afin d'en obtenir des agneaux lourds. La spéculation peut consister à mener de front l'engraissement des mères de la race locale, et alors les agneaux doivent être des métis d'une race plus avancée.

Supposons des brebis berrichonnes, solognotes, ou autres. Saillies par des béliers southdown ou leicester, par exemple, elles sont nourries, avant l'agnelage d'hiver et après, avec du regain et des racines ; ainsi traitées, elles ont beaucoup de lait ; en mars ou en avril au plus tard, les agneaux sont gras et peuvent être vendus. Dès qu'elles ont tari, les mères que l'allaitement n'a point épuisées dans ces conditions sont en bon état et s'engraissent ensuite facilement.

A ce propos, il nous faut ici citer l'exemple d'une très-bonne spéculation pratiquée à Dampierre (Loiret), par M. de Béhague, parce que cet exemple contient un double enseignement, en principe et en fait. M. de Béhague fabrique (c'est le mot propre) des agneaux fort estimés, à cause de la maturité précoce de leur chair, et qu'il vend très-bien à Paris. Ces agneaux, vendus à l'âge de dix mois, sont des métis southdown-berrichons, nourris principalement avec du lupin et du maïs. L'aptitude à la précocité, qu'ils héritent de leur père, est secondée à ce point par le régime alimentaire auquel ils sont soumis, qu'il m'a été permis de porter sur leur qualité le témoignage suivant : « M. de Béhague, ai-je dit, nous a fait déguster un gigot de métis southdown-berrichon, nourri ainsi, qui a donné un jus très-rouge, de la viande mûre et très-savoureuse , bien que l'animal eût été tué à l'âge de dix mois seulement, et qu'aucune de ses épiphyses ne fût soudée. »

Exploitation du lait. Sur plusieurs points de l'Europe, le lait des brebis est exploité pour la fabrication des fromages, dont quelques-uns jouissent d'une grande réputation. En France, ceux qui proviennent des caves de Roquefort, résultant de la manipulation du lait produit par les brebis qui vivent sur le plateau du Larzac, dans le département de l'Aveyron, sont très-estimés des gourmets et donnent aux agriculteurs du pays un revenu considérable. Le lait de brebis entre aussi pour une part dans la composition des fromages de Sassenage (Isère) et de Septmoncel (Jura).

On compte aujourd'hui, dans le Larzac, environ deux cent mille brebis laitières, qui produisent chacune en moyenne douze kilogrammes de fromage par an. C'est donc une source importante de richesse que nous ne pouvons pas dédaigner.

Le lait de brebis est surtout remarquable par ses qualités butyreuses et par les propriétés de son caséum, qui se présente sous la forme de pâte bien liée. Il a une odeur spéciale très-agréable. Je me souviens d'en avoir bu en assez grande quantité dans les Pyrénées ariégeoises, qui m'a paru d'un goût excellent.

Les procédés de fabrication du fromage avec ce lait varient suivant les localités où il est exploité. Ses qualités dépendent surtout du mode de fermentation auquel il est soumis. Les caves de Roquefort, par exemple, dont on a pu voir un spécimen à l'Exposition universelle de Paris, en 1867, jouent le rôle principal dans cette fermentation, quant aux fromages qui portent leur nom.

On comprendra que nous ne puissions pas entrer ici dans tous les détails de fabrication. Il faudrait passer en revue tous les fromages faits avec du lait de brebis, ce qui ne peut être l'objet que d'une monographie assez longue et tout à fait spéciale. Il s'agit, du reste, quand l'exploitation est importante, comme l'est celle de Roquefort, d'une industrie particulière et séparée de l'exploitation directe des brebis laitières. Ce qui concerne celles-ci doit seul nous occuper.

Dans le Larzac, par exemple, on fait naître les agneaux depuis le milieu de janvier jusqu'au commencement d'avril, suivant que la végétation se montre précoce dans la localité. Durant la gestation, les brebis sont abondamment nourries avec des aliments de bonne qualité. Les bergers disent avec raison que le lait se fait l'hiver. C'est dans les mois de mai et de juin que la traite en donne le plus. Celle-ci cesse en septembre, alors que vient l'époque de la lutte, pour une nouvelle gestation.

Le lait de la traite, après avoir été passé au travers d'un linge, et quelquefois chauffé pour le débarrasser de l'excès d'eau qu'il contient lorsqu'il provient de la traite du soir de brebis nourries de fourrages très-aqueux (opération d'ailleurs considérée comme nuisible à la bonne qualité du fromage); ce lait, disons-nous, est réparti dans des plats profonds et évasés, pour faciliter la montée de la crème ; on y met la présure, et on le laisse reposer. On prélève parfois une petite partie de la crème pour faire du beurre.

Le caillé étant bien formé, on le rompt en l'agitant avec une écumoire; on enlève la plus grande partie du petit lait, puis on presse ensuite la masse dans une passoire, jusqu'à ce que la pression ne fasse plus écouler de petit lait. On mélange alors le caséum, en le pétrissant, avec une petite quantité de pain moisi pulvérisé, dont les moisissures donnent au fromage de Roquefort ces veines bleues qu'on y observe. La pâte est après cela tassée dans les moules cylindriques en terre vernissée, dont le fond plat et les parois sont percés de trous.

Les moules pleins sont déposés dans une sorte de huche appelée *fremel*, en patois aveyronnais. Au fond de cette huche sont pratiqués des canaux par lesquels s'écoule le petit lait que les moules laissent encore suinter. Deux fois par jour, on retourne le fromage dans son moule, qui est lavé avec soin chaque fois, jusqu'à ce qu'il n'en sorte plus de petit lait, ce qui arrive au bout de deux ou trois jours; alors on le retire du moule et on le porte au séchoir. Celui-ci est une pièce fraîche et sèche, exposée au nord, et dans laquelle l'air circule facilement en s'introduisant par des ouvertures bien disposées. Les fromages y sont de même retournés matin et soir pendant deux ou trois jours encore, après quoi ils sont jugés prêts pour la fermentation dans la cave.

A quelques petits détails près, de forme ou de temps, que l'expérience indique, c'est ainsi que le produit des brebis laitières doit être partout récolté et traité.

Nous ne pensons point qu'il fût bon d'en étendre la spéculation à des localités autres que celles dans lesquelles elle est traditionnelle. Là seulement il y a lieu de l'améliorer sans cesse, en développant l'aptitude laitière des femelles par une gymnastique alimentaire bien entendue et par une sélection attentive.

C'est d'ailleurs le résultat qui a été obtenu dans le Larzac, en outre de l'augmentation considérable du nombre de bêtes exploitées. Ce nombre n'était, paraît-il, que de cinquante mille en 1760 ; il est aujourd'hui arrivé à deux cent mille, ainsi que nous l'avons dit. Le rendement de chacune a doublé en un siècle. Ce rendement, qui est maintenant de douze kilogrammes de fromage, n'était, en 1760, que de six.

Cela est justement attribué à l'introduction des prairies dites artificielles dans la culture du pays.

Nota. C'est la coutume de terminer les ouvrages du genre de celui-ci par un chapitre sur les maladies des moutons.

Nous n'aurions point dérogé à l'usage sous ce rapport, si la *Bibliothèque du Cultivateur*, dont le présent volume fait partie, n'était déjà pourvue de nos *Notions usuelles de médecine vétérinaire*, où le lecteur trouvera sur le sujet tous les renseignements dont il peut avoir besoin, avec les moyens d'arriver au diagnostic des maladies communes, ce qui est indispensable pour que de tels livres puissent être consultés avec fruit.

Afin de ne pas faire double emploi, nous devons donc nous borner à l'y renvoyer.

FIN.

TABLE DES MATIÈRES.

www.ingramcontent.com/pod-product-compliance
Lightning Source LLC
LaVergne TN
LVHW050752200726

843507LV00001B/106